讓人翻白眼的同事圖鑑

上班族必備的職場觀察指南

職場のざんねんな人図鑑 ~やっかいなあの人の行動には、理由があった!

石川幹人/著　黃筱涵/譯

那個人的
其實都是有原因的！
No! No! No!
party first!

前言

近來日本有本名為《令人翻白眼的生物事典》（暫譯，ざんねんないきもの事典，高橋書店）的書籍引發了熱烈討論。這裡的「生物」是指動物，像是「山羊看到紙就忍不住想吃，結果就吃壞肚子了」（續篇38頁），讀者看到時或許會笑道：「山羊真是笨到令人翻白眼。」但是如果這裡的「生物」是指人，那可就笑不出來了。「看到香甜的蛋糕就忍不住想吃，結果就變胖了。」由此可知其實人類與山羊根本半斤八兩。

職場上也有許多「令人翻白眼的人類」，就好似這些動物一樣。所以不要光顧著嘲笑動物，試著環顧四周並且反省一下吧。然而只要理解人類表現出這類行為與心理背後的因素，或許就有助於改善職場環境。本書就是為了實現如此理想而編撰的。

以「病態型」為例，雖然我撰寫時是以「心理病態」（psychopath）為基準，但其實有很多人都符合「具心理病態傾向」的特質。那麼心理病態有什麼樣的特徵、什麼樣的優缺點呢？身邊出現有明顯特徵的人，甚至是自己就具備這種特徵時，我們該怎麼應對呢？本書即會為各位做出這方面的指引。

我專攻的「認知科學」是透過人工智慧與腦科學研究成果，解析人類的行為與心理。這個領域於一九九〇年代引進生物學，並結合心理學發展出「演化心理學」這門分支，另一方面則結合經濟學，發展出了「行為經濟學」。人類與黑猩猩、貓咪等都屬於哺乳類，據說有九成以上的遺傳資訊相同，連腦部基本構造也一樣。因此將人類與其他動物放在一起分析相似處與相異處，就能夠更加理解人類的行為與心理。

舉例來說，山羊的身體可以分解木材攝取營養，所以會喜歡用木材製成的紙；但是人類使用的紙張混合了墨水與塗料，不明白人類文明發展的山羊，看到紙張當然會不明就裡地吃下去，才會吃壞肚子。同樣地，我們會無法抵抗香甜的蛋糕，則是史前時代祖先培養出的基因所致。因為在那個營養不足的時代，遇到甜食就要盡量食用，以積蓄生存用的皮下脂肪。雖然我們的腦袋都很清楚，食物充足的現代不需要積蓄皮下脂肪，身體反應卻不是這麼一回事，簡直就像尚未適應文明時代，所以才會成為「令人翻白眼」的人類。

希望本書能夠幫助各位不再因「令人翻白眼的同事」而困擾，放心地在職場大放異彩；也希望本書能夠幫助各大企業，打造出不管什麼性格的人都能夠共存的友善環境。

石川幹人

目錄

zannen

01 高調型

看我看我～～～！
人生就是要好好享受！！！
謝謝你們來參加！！
我愛你們！！！！！

生態

不辭辛勞地演繹出令人羨慕的一面，特徵是言行舉止都在強調自己的豐富人脈、天生麗質、姣好身材、與名人的交情、富足的私生活與富裕。與酸民型的人特別處不來，當他們在高調展示自我的時候，會留意別被這類型的人抓到破綻。

棲息地

Facebook、Instagram、自我啟發講座、新聞網站

天敵

好辯型
酸民型

常見行為

「今天在三個月前就預約的〇〇（名餐廳）聚餐！感謝各位蒞臨！」

「終於拿到這個了！這是男友送我的生日禮物！！」

「（搭配裸上半身的照片）體脂率成功減了10％，還要繼續努力。」

「那個很有名的〇〇，大學時和我待在同一個研究室。」

高調型人類的Facebook等社群網站中，充滿了炫耀燦爛生活的動態。樂觀積極的動態裡，字裡行間都散發著豐富人脈、與名人的交流、充實的私生活、事業成功、財務自由等氣息。

另外也有一類高調型人類，會藉由很沮喪的動態，透露自己的私生活發生了什麼事，令人不禁好奇是否發生了什麼事情。

「總覺得好累……#黑暗期#活著到底是怎麼回事呢」

高調型人類的言行，會令我們忍不住拿來與自己的人生加以比較，進而感到嫉妒或擔心。但是他們的表達形式其實比炫耀或訴苦還要含蓄，只是讓旁人稍微「嗅到跡象」的程度而已，所以若不能輕鬆帶過的話就好像自己過度反應一樣，反而徒增悔恨。

高調型人類乍看過著充滿活力的精采生活，總是很快就上傳最新話題的商業書籍或流行關鍵字等，但是還有一大特徵——三分鐘熱度。上禮拜才喊著要學統計學，沒多久又迷上其他新事物並且誇誇其談，相當善變。畢竟必須追逐最新最流行的事物才能夠博取關注，當然不能為特定事物停下腳步。他們擅長賣弄能力，乍看什麼都會，實際上卻樣樣都不精通。三不五時參加新的研習活動或是有名的講座，往往只顧著打卡，而非最重要的學習……。

解讀生態

高調型人類展現出的特質，是極度渴望他人的認同。據說人類始祖最早起源於非洲，當時的人類會生活在小型聚落中，不受聚落同伴的認可時會有遭排擠的風險，所以獲得他人認同才會感到安心，這其實是人類的本能。

現代社會不必獲得身旁所有人的認同，只要認真工作賺取薪水就足以生活；說得極端一點，就算不受認同也不至於活不下去。但是高調型人類的內心仍然渴望獲得認同，如此才能確保安全感，所以在公司職場上也有過度強調自己功勞的傾向。

現代科技推出許多供大眾自由表現自我的媒體，讓高調型人類有更多機會追求內心的安全感。大量的「讚」如同把他人的認可轉換成具體的數字，看了就覺得心情很好。只是，肯定自己的這些人，已經不是什麼同聚落的夥伴或是對自己有益的人，與史前時代大不相同。雖然實際上不需要這些人的認同，他們的「讚」卻有助於消除內心的不安。

不過，在高調展現自我的同時，要是有人試圖指正自己（好辯型，73頁），場面會變得非常尷尬。所以高調型人類會選擇同溫層較厚的媒體空間活躍，避免發生爭論。

如果你是高調型人類的話

內心非常不安的高調型人類，通常會陷入「無法獲得認同→不安→努力獲得認同→得不到認同→變得更加不安」的循環。想要終結這樣的循環，不妨試著採取「皮」一點的生活態度，告訴自己：「我才不需要他人的認同。」既然生活過得尚可，那麼不被認同也理應可以安心度日。試著尋找能夠讓自己打從心底感到快樂的事物，不再以「獲得認同」為目標，無論工作、戀愛還是興趣都用心經營，自然而然能夠吸引認同的目光。哪天回過神時就會發現，曾經只是假裝自己不需要認同，現在則已經在自然獲取的認同中，贏得真正的「安心」。

此外，當你發布動態時，就別再以「博取關注」為目的，改以「撫平內心的不安」為目標吧。首先適度降低在公司誇耀自己功績的程度，再以記錄日常小事的感覺，以不影響他人心情為前提下，發布能夠為自己加分的資訊吧。而這些動態獲得「讚」之後，「騙自己」（理由伯型，14頁）已經獲得認同也無傷大雅。或許很多人都已經注意到這個作法了也不一定。

和高調型人類和睦相處的方法

和高調型人類相處時的最佳解，就是明確表現出自己的認可。讓高調型人類感受到組織對自己的接納或是工作方面獲得成就感（就算只有一小部分也行），自然能夠有效改善這個狀況。

但是用紅利等金錢報酬表現肯定的方法就有待商榷了，因為用金錢去維護高調型人類的安全感，可能會對未來的合作關係造成負面效果（唯利是圖型，35頁）。幸好高調型人類看重的是人與人之間的關係，所以最重要的就是透過多種不同的方法表達感謝。

此外，要把工作交給活力十足的高調型人類時，有個必須特別留意的地方。那就是他們表面上的活力源自於內心的不安，因此若透過升遷這類方式消弭他們的不安後，他們很快就會失去活力。舉例來說，熱心提出或推動企劃案的高調型人類，在想法獲得採納進入執行階段時，就會失去幹勁並且有試圖推給他人的傾向，容易帶給人「虎頭蛇尾」的印象。

但是高調型人類好相處的地方，在於有很多機會觀察他們的言行與想法，所以能夠精準掌握他們的行事風格。各位不妨加以理解，並靈活運用在團隊合作，例如讓高調型人類負責推動新事業，執行階段則交給更適合的人。

有一部分高調型人類獲得的認可不足以填補內心不安時，可能會慌到發出尋死訊息的動態。這時只要周遭人率先釋出善意，讓他們感受到自己是被認同的，或許就有機會改善這個狀況。里長伯型人類（50頁）的熱情有助於消弭他們的不安，所以不妨拜託他們出手吧。

從現代社會的角度思考

血緣或地緣的羈絆，以及職場的團隊連結，這些人際關係在現代社會愈來愈淡薄，即使渴望獲得認可，也找不到能夠回饋渴求的群體。這時的替代方案就是「互相認可」——認可其他高調型人類，對方自然也會認可自己。

日本有許多沒有正式出道的地下偶像團體，在小小的舞台上奮鬥的她們，非常渴望粉絲的支持（雖然也可能只是一種商業形象），因應而生的即是死忠粉絲組成的應援團。事實上，我認為不少應援團的成員都屬於高調型人類，因為他們的支持（認可）能夠獲得偶像的吶喊：「謝謝你們的支持！」如此一來，就好像自己獲得偶像的認可，進而形成「互相認可」的關係。

很多應援團都有地下偶像正式在演藝圈出道後便失去興趣，開始尋覓另一個地下偶像的傾向。或許是因為偶像正式出道後會面對更廣的群眾，讓應援團很難像以往直接獲得「偶像的認同」所致吧？所以我才會認為這類應援團屬於高調型人類的可能性很高。

現代社會將彌補失去的人際關係視為商機，這波新商機的關鍵字就是「認同」。現代人可望「被認同」，即使是虛幻的也無妨，想必今後的社會將更加追求這類型的服務。

＊本書言論僅供參考，負面情緒影響生活時，仍建議發聲求助。

zannen

02 理由伯型

生態

他人指出自己的缺失時，總是用找藉口應對。不認錯並且將責任歸咎給他人或狀況是他們的家常便飯。無法維持一貫性的主張，往往為了替自己辯護而提出許多歪理或是互相矛盾的理由。遭到指責時會怨恨他人，並且提高警戒。

棲息地

會議室、辦公室、LINE

天敵

易怒型

常見行為

工作時稍微指出理由伯型人類的缺失或粗心時，他們就會開始找藉口——

「不，這也是沒辦法的吧。」

「因為○○沒有做好自己的工作才會這樣。」

理由伯型人類沒辦法坦率接受指責並反省自己，總是試圖為自己的行為找藉口。他們很擅長說一些似是而非的理由，所以難免會有被說服的時候。但是絲毫不打算承認失誤或疏忽的理由伯型人類，既然從不反省，當然也不會有所改變，結果總是一錯再錯。有些理由伯型人類特別擅長將失誤原因歸咎在他人身上，因此接近他們的人往往會被拖下水，有時甚至還得一起承擔責任。

雖然他們被指責時擅長一一擊破，但是試著綜觀整體狀況，就不難發現他們的說詞矛盾之處，因此有時會被周遭的人或主管放棄溝通。假若禁止他們找藉口的話，還會遭到敵視：

「這個人都不聽我說話。」

「根本不了解狀況就警告別人。」

「明明什麼都不知道。」

理由伯型人類容易對他人感到不滿，如果一群理由伯聚在一起，還會卯起來說某個人的壞話。

這種現象很常出現在新進社員身上，但是也會有已經待了很多年都不肯改善的資深社員。

解讀生態

把事情「合理化」這個行為對人類來說，具有撫平心靈的作用。伊索寓言中的狐狸無論跳了幾次，都摘不到位在高處的葡萄，所以拋下一句「肯定是酸葡萄」後忿忿離去，這其實也是「合理化」的一種（後悔型，80頁）。朝向對自己有利的方向加以解釋，背後用意是為了維持心靈的安定。

一般來說，合理化主要出現在自己的內心，但是有時候也會反應在言行上。有些人還會因此表現得好像「失敗都是別人的錯，成功都是自己的功勞。」（高調型，6頁）。理由伯型人類之所以被視為理由伯，就是因為合理化的意圖過於明顯，才會容易招致他人反感。

在探討「合理化」這個行為之前，必須先理解「有意識」與「無意識」的關係。近年有實驗心理學家喬韓森（Petter Johansson）就展示了極富衝擊性的實驗結果。他雙手高舉兩張長相相似的異性照片，詢問受試者比較喜歡哪一位。受試者指了右手邊這位後，喬韓森就會悄悄左右對調後重新舉起，詢問受試者：「那麼請告訴我，你喜歡她哪個部分。」結果有三分之二的受試者都沒發現照片被掉包了，還會認真提出幾點自己喜歡的理由。

對異性的好感出自於直覺反應，會在無意識間生成，但是思考理由卻是有意識的。我們的意識無從得知「大腦從接收到訊息到產生直覺反應（無意識）」之間的過程，只能從直覺反應的「結果」去創造合理的理由。

簡單來說，雖然「無意識的反應」源自於自己，自己的意識卻不會明白無意識期間的細節。

儘管如此，職場卻很喜歡要求大家說明自己的行為。於是我們的說明，多半是事後才編造出的故事，也就是「藉口」。事實上，有經驗的社員在社會的磨練下，能夠藉由適當的應對，讓藉口聽起來不像藉口。但是理由伯型人類往往是在還搞不清楚狀況的階段就過度自我防衛，才會讓藉口一聽就知道是藉口。

如果你是理由伯型人類的話

如前所述，每個人都會往對自己有利的方向思考，藉此維持心靈安定（杞人憂天型，152頁），也就是所謂的自我欺騙。這時能否明白自己在自我欺騙是非常重要的，沒有自覺的話很容易信以為真，甚至表現出「失敗都是因為別人」的態度，最後可能會被指出「在推卸責任」並且釀成問題。

如果對於自我欺騙有自覺的話，就好像承認自己是個騙子。沒有人想當騙子，所以會將自我欺騙當成事實，讓藉口一聽就知道是藉口。因應的對策是將自我欺騙想成「維持心靈平衡的方便手法」，告訴自己：「就算自我欺騙也不算個騙子。」

在公司聽到主管質問「為什麼這樣做」時，先說句「我也不是很清楚……」後深思熟慮，想出一個具高度社會性且妥當的答案後再回應吧。如果已經釀成嚴重事態時，表現出感到遺憾或是從失敗中學習的積極態度同樣非常有效。簡單來說，就是不要表現得過度強硬。

事實上，無意識的狀態下也有不同於有意識時的意圖與心願，所以單就思考理由時的意識來說，「我確實不清楚行動的理由」是事實。但是生存在這個社會，必須有意識地對自己的行為負起責任，所以人們才會尋求行動背後的理由，我們的意識也會自我要求，希望表現得符合社會要求。

和理由伯型人類和睦相處的方法

「為什麼上班遲到？」在職場聽到這個問題時，應該很少人會坦白表示：「因為我打電動打太晚了，早上爬不起來。」通常會找個像樣的藉口：「我在準備工作要用的證照考試……」然而從主管的立場來看，要是部下真的老實說出真正的原因，也往往不知道該怎麼回應才好，甚至會忍不住在內心埋怨：「拜託你找個藉口好嗎？」也就是說，在職場還是有必需的「藉口」。

理由伯型人類只是不懂得找藉口的分寸而已，所以與其指責他們，不如協助他們搞清楚狀況。首先請仔細傾聽理由伯的主張，並認同其中有道理的部分。接著請前輩社員示範更好的說法，也是一個方法。

從現代社會的角度思考

現代社會已經很難透過真心話交朋友了。史前時代的聚落通常是一百人左右的規模，一輩子都是與這些人相處，是和樂融融的群體。在這個群體裡意圖包裝自己也會很快破功，所以不需要思考藉口，想必是很輕鬆的人際關係吧？

另一方面，現代社會複雜許多，很多時候必須在工作之餘做好表面工夫，所以要學著順應社會想出妥當的藉口，才能夠避免被歸類成理由伯。

操控語言的「意識」必須在「無意識」的欲求與「社會的現實」之間負起調節的責任。現代可以說是對意識施加過重負擔的時代，所以我們必須累積各式各樣的經驗，以鍛鍊「意識」的能力。

zannen

03 外遇型

生態

都已經有家庭了，還透過社群網站、交友網站或職場，尋找能夠滿足自己戀愛欲望的對象。對於外遇有獨到的見解，經常表現出自我陶醉的言行。總是不遺餘力地打理外貌，全力演繹出自己的魅力。

棲息地

Tinder、Pairs、東京Calendar

天敵

嫉妒型
八卦型

常見行為

職場裡總會有種人，只要有新人進公司，無論對方是社會新鮮人、跳槽過來的員工或是約聘人員，都會主動搭話並且頻繁聯繫。站在新進員工的角度，原以為對方只是生性熱情，可是慢慢地卻察覺出醉翁之意不在酒。試著搜尋對方的臉書，才赫然驚覺對方已婚。然而直接詢問本人時，才發現別說心虛了，這個人儼然將「外遇」視為提高社經地位的工具，隱約散發出裝模作樣的氣息。這種外遇型人類不僅對外遇有著獨到的見解，參加酒會等聚會場合時還喜歡高談闊論戀愛觀與家庭觀，甚至會對後輩提出令人為難的建議，像是「女人婚後就會露出另一張臉」、「外遇才能維持家庭圓滿」等等。無論是開完會、上廁所或是搭電車的空檔，外遇型人類只要抽出時間就會頻繁私訊他人，熱衷與人互動，所以每次休息時間都會消失很久。

女性外遇型人類更是喜歡在社群網站發布文青風格的動態，似乎對任何事情都頗有感觸，同時透露出另有隱情的氣息，偶爾還會出現下列這種徜徉在愛河中的文字……

「在心中為某個人保有位置也不錯……」

「在自己的心裡，成為一個被愛的女人。」

外遇型人類希望別人感受到自己的魅力，喜歡展現強勢的領導風範，或是表現得很溫柔且樂於助人，但這些態度都只針對特定人物，對工作並無任何助益。

解讀生態

外遇型人類抑制不住傳宗接代的本能，有過度求愛的傾向。但是連職場等應該公私分明的場合，都不分青紅皂白恣意求愛的話，很容易釀成性騷擾等嚴重問題。

從生物學的角度來看，人類的本能會在生存競爭中進化，基因促使動物熱衷於「有助於多子多孫」的行為。從這個角度來看，我們每個人其實都具備外遇的本能。

動物的「外遇」型態依性別而異，以哺乳類來說，雌性具備「生育性質」、雄性具備「吸引雌性為自己生子的性質」。雌性必須孕育胎兒，生產後必須哺乳，養育後代所需耗費的成本比雄性還要高。因此屬於哺乳類的人類女性天性重視確實養育出健康強壯的孩子，男性則傾向讓（愈多）女性為自己生育孩子（愈好）。

這樣的天性，造就男性會與許多不特定女性外遇，生下許多後代的傾向。另一方面，女性的外遇性質則稍顯複雜，傾向和具備經濟能力的年長男性結婚，再與強壯年輕男性生下健壯的孩子。站在女性的角度來看，讓男性盡量提供自己養育孩子的資源，培育出健壯的孩子，有利於自己的基因存續。因此對女性來說，側室，也就是現代所說的「情婦」，就是十分恰當的選擇。仔細觀察職場中的外遇實例，往往能夠發現明顯的典型男女差異。

如果你是外遇型人類的話

要處理外遇方面的問題，關鍵就在於思考未來，先仔細想想「外遇會造成什麼結果呢」、「誰會變得不幸呢」等，接著再思考「如果懷了孩子」、「如果另一半索取贍養費」等問題，行事自然就會慎重一點。

此外，斬斷外遇要素也是一種方法。只要關係當事人都同意，一夫多妻、一妻多夫、不講究性別的多元成家也並非不可行。也就是說，若所有當事人都許可婚外關係，就不算是外遇了。

但是即使是當事人皆同意的開放性婚姻關係，仍然建議各位事先理解人類本能的運作機制。例如男性天生抗拒在不知情的情況下養育其他男性的後代，所以會提防配偶產下沒有自己血緣的孩子，因此自然排斥配偶女性與其他男性的性關係。天性期望配偶協助自己養育孩子的女性，則會害怕配偶男性偏寵其他女性，分散了本應挹注在自家孩子的資源。

所以請按照人類本能，梳理好所有關係當事者的情感，打造出雙贏的局面。不過，這在職場上終究是極難實現的，所以避免外遇才是上策。

和外遇型人類和睦相處的方法

自己的配偶屬於外遇型人類時，若是向對方發怒很有可能造成反效果，所以請冷靜下來告訴自己：「對方只是依循本能，這時候他正處於感性大於理性的狀態。」許多情緒都只是荷爾蒙的暫時性作用，過幾個月就會產生變化。所以發現另一半出軌時，不妨先沉住氣觀察看看，或許能夠找到解決方法。這邊要請各位千萬別化身為嫉妒型人類（110頁），而是沉著挑選適當時機與對方攤牌。由於現代國家普遍都制定法條保障法定的婚姻關係，所以不妨諮詢律師。

職場裡有外遇型人類時很麻煩，若是把對方當成一回事並引發糾紛時，會破壞職場的和諧。幸好社會現行的一夫一妻制，有助於防範相關問題。

性騷擾防治制度就是抑制外遇型人類的方法之一。由於求愛行為容易產生性騷擾的嫌疑，而這類法規便能夠有效遏止他們的過度求愛。但是有些人是認真想追求心儀對象，卻因為害怕被當成性騷擾而卻步，或是職場上的人際關係因為顧忌而綁手綁腳，難免折損人情味，所以也並非全然沒有壞處。

另外，也可以考慮活用八卦型人類（88頁）。考量到暗地裡蒐集情資的八卦型人類，外遇型人類也會有所忌憚，進而在問題浮上檯面前收手。所以不妨在外遇型人類的環境配置八卦型人類，後者挖出外遇徵兆時就會立即散播出去。隨著謠言傳到外遇型人類耳裡，想必蠢蠢欲動的心也會消沉吧？

從現代社會的角度思考

現今已然是女性也能夠外出工作的社會了，儘管還不夠完善，但是社會已經逐漸整頓出能夠支援育兒的環境。「夫妻倆為育兒工作彼此協調」的傳統婚姻型態，如今已經急速減少中。國際認可的婚姻型態益發豐富（同性婚姻等），隨著法律認同的婚姻型態增加，也會逐漸削弱傳統婚姻制度在法律上的優勢。或許日本有一天也會像法國一樣，愈來愈多人選擇事實婚姻（※譯註：未經婚姻登記，但是有成為夫婦的意願與實質上的婚姻生活）。

配偶關係或許將轉變成雙方合意的契約關係，哪天改變心意時，只要支付事前約定好的代價即可解除關係。隨著配偶關係流動化，「結婚」與「離婚」這兩個詞彙也將失去意義。這種時代對於外遇型人類或許更容易生存，但是追求傳統婚姻意義的人可能會感到煎熬。

人類社會以一夫一妻制為基本，與近緣靈長類不同。大猩猩是一夫多妻制，黑猩猩則屬於亂婚型。因此不如該說，外遇才是動物最原本的型態，對這樣的人類來說，在文化與制度限制下不能外遇，或許是種「令人窒息」的生存方式。但是人類透過一夫一妻制構築固定的配偶關係，將配偶間的紛爭抑制到最小限度，透過和平安心的生活建立起文明社會，並提升社會生產力。所以請各位外遇型人類行動之前先思考透徹，並適度控制自己那顆不安分的心吧。

zannen

04 命運型

生態

自己的人生與將來都仰賴占卜預言，心情會隨著解說文章起伏。遇到不順的事情就推給行星運行或生理節律（biorhythm），忽視自己的努力或能力不足。積極造訪能量景點，一群命運型人類聚在一起時會互相刺激，變得更加虔誠。

棲息地

Instagram、LINE、雜誌占卜特輯、神社或廟宇

天敵

好辯型

常見行為

午休時間，某位同事的LINE忽然響起通知聲，接著便看到他認真讀起了訊息，一問之下才知道是本週運勢之類很準的占卜。但是借來細讀，卻覺得不過是「人人有獎」的文章，但該位同事卻深感佩服：「○○占卜師好厲害。」

這種命運型人類就算看到意義不明的抽象預言，也會擅自解讀後一臉認同。或許是他們具備高度的同理能力，但也可以說是太過擅長對號入座。命運型人類甚至有很高的機率，根本沒搞清楚自己的煩惱與所處現況。

他們過度相信命運，喜歡將換工作、開發客戶、簡報是否符合條件以及重要的決定都交給占卜，完全不打算把握自己的決定權，甚至會刻意迎合預言。可能會因為占卜結果不佳，就不願意努力了，甚至也有不願意為自己言行負責的傾向。旁人看到他們把責任推給命運，不願意自我改進的態度時，恐怕也很難耐心以待。

命運型人類發現預言或心願沒有實現時，不會回首檢視整體情況，反而會靜待下一次的預言或是顯露放棄的跡象。

「行星運行軌道順行之後就會好轉的。」
「身為O型也只好這樣了。」
「我被負能量影響了。」

然而站在旁人的角度，真希望他們在精心挑選能量手環之前，能夠先準備好下次的簡報資料。

解讀生態

命運型人類不太會有「以自己的力量正視並挑戰未來」的念頭，會期望占卜師提供好的選項讓自己追隨，有過於依賴占卜師的傾向。既然不是自己做出的選擇，失敗時當然也不會覺得自己有問題，深陷大麻煩時也會當作「命中注定」而坦率接受。這一點正好與後悔型人類（80頁）呈對比，不如該說，有時正是後悔型人類想擺脫後悔，才轉變成命運型人類。

人類從史前時代就過著集體生活，不太習慣獨自做決定，因此會遵從群體的規則生存，或許

如此比較符合天性也令人安心。有一部分的人在做決定時非常徬徨，所以會仰賴「能夠幫自己做決定的人事物」，進而演變成命運型人類。

習慣將自己的未來交在別人手中，其實是相當危險的事情。沒注意到他人背後意圖，就傻傻聽從對方的指引，可能會不慎加入邪教或是慘遭詐欺，因此培養「信仰也應適可而止」的思維是很重要的。

如果你是命運型人類的話

按照「今日運勢」決定穿戴物品與去處的人，也屬於命運型人類。即使各位認為「我只是覺得有趣而已」，殊不知一隻腳早已經快要踏進「算命詐欺」的門檻內了。

請各位不妨試著不要遵從運勢行動吧。我猜只要嘗試這麼做的話，生活中會發生一堆「不好的事」，但是，這其實只是「確認偏誤」（confirmation bias，無論事實如何，選擇性相信符合成見的訊息），也就是認知上的誤解。

請跨越如此恐懼，養成自己做決定的習慣吧。剛開始先憑直覺做出大概的決定，仿效理由伯型人類（14頁）在面對任何事的態度吧。

「好事都是因為我做了正確的決定。」
「壞事都是環境的問題。」

習慣自己做決定後，慢慢地便能夠在做錯決定時自我反省，日後也會產生生活用失敗經驗的餘裕。適度壓抑依賴占卜師的心態，選擇性相信對自己有好處的預言，便有助於避免捲入麻煩。

和命運型人類和睦相處的方法

外在人力很難改變某個人的宗教信仰，同理可證，試圖改變命運型人類也難如登天，光指責他們也無濟於事。

身為旁觀者，唯一能做的就是引導命運型人類找到占卜以外的「依賴對象」，所以不妨將他們配置在群眾魅力更勝占卜師的主管旗下吧。

旁觀者該留意的，是命運型人類會將諮詢對象視為浮木。其中依賴心特別強的類型，總是在尋覓人生的燈塔，遇到可以商量事情的人就會纏著不放。獲得他人信賴固然會讓心情很好，但是總不可能無時無刻應付對方吧？所以哪天婉拒時，命運型人類會覺得走投無路，甚至可能「因愛生恨」。所以身為旁觀者該做的或許不是為他們指點迷津，而是從旁守候，透過適度的指引，避免對方日後引發嚴重的事態。

從現代社會的角度思考

命運型人類的重度依賴傾向，自古以來便常見於宗教團體。宗教有助於凝聚人心，為部族打造向心力，而宗教所產生的向心力愈強，政治上就愈傾向於利用宗教。

但是現代社會的結構早已經遠遠超越部族與國家，即使彼此信仰的宗教不同，社會仍然追求全體人類的互助合作。然而不同宗教團體本質上其實互不相容，成員的信仰愈是虔誠，就愈難接受異教徒；也就是說，宗教能夠有效帶來部族內部的團結，卻成為異族融合的高牆。

重度依賴的命運型人類，會追隨宗教提供的意識形態。因此命運型人類數量愈多，反而愈容易造成社會的分化。

我們很常說著「愛能夠拯救地球」這類話，但是研究證實現代人稱「愛情荷爾蒙」的催產素（Oxytocin），在促進愛意與團結的同時，也會提升敵對意識。所以或許該說「愛會在地球各地製造對立」才對。

命運型人類乍看只是個人特質，與整體社會沒什麼關係，其實卻是左右人類社會未來發展的重要存在。

zannen

05

唯利是圖型

生態

滿腦子想著如何為自己贏得利益，為了自我利益最大化而毫不在乎地切割他人。他們熟知各種資訊，擅長解讀時代脈動也富行動力，但對於救濟他人或是與他人利益有關的事相當消極。有時回過神來，才發現自己變成了獨行俠。

棲息地

辦公桌前、求職網站
比價網站、股價資訊

天敵

強調共感型
酸民型

常見行為

休息時老是在看比價網或股價資訊網，會以性價比看待任何事物，就連一塊錢也要省，傾盡全力只為增加財富。有時還會干涉他人的選擇或行為，居高臨下地丟出評論：「為什麼不這麼做呢？」「這個比較划算吧。」讓周遭人避而遠之。乍看會幫助他人的他們，卻會在拿到真正划算、有用的資訊時祕而不宣，讓別人無法一起獲得好處。

這種唯利是圖型人類，在工作時會特別關切性價比，對自己的利益斤斤計較，對於無法提升評價的工作則會表現興趣缺缺。有時甚至對他人的求救漠不關心，遇到做事缺乏效率的人時，會不帶任何感情地俐落切割對方。唯利是圖型人類會為前途擬定戰略，懂得順應時代潮流迅速轉換跑道或是兼差。具備先見之明固然是件好事，但也很容易火速斬斷過往緣分，並且見風轉舵地捨棄

曾說過的話，因此即使能力強大，卻很難獲得愛戴。

解讀生態

唯利是圖型人類那信任金錢大於人類的態度實在悲哀，他們有時會將財富多寡視為社經地位的評價準則，對此驕矜自滿，實際上卻相當惹人嫌。

以狩獵採集營生的史前時代，不僅沒什麼機會儲蓄財物，也沒有所謂的貨幣。就算獵到體型龐大的長毛象，也沒辦法將吃不完的肉存起來。

人類為此組成聚落，透過互助合作分散風險。狩獵有成有敗，但是只要互相幫忙，就能夠維持穩定的食物來源。「多虧狩獵成功的人，今天才會有肉吃，我之後得更努力才行。」人類會透過團隊合作，自然而然地建立起信賴關係。

然而這樣的互助關係卻隨著文明發展，在貨幣登場而產生了變化。最初的貨幣似乎是不易腐爛的乾燥穀物等，人類開始會為了因應災荒而預存穀物，開始有了儲蓄的概念，價值觀也有所轉變：「即使現在有人餓肚子，但為將來的自己儲蓄還是重要得多了。」於是原本由信賴關係構築的互助聚落當中，產生了優先信賴貨幣的個人主義。

雖然說現今已經演變成信賴金錢大於人性的社會，但是實際的金流往來卻依然間接建立在「人與人之間」的信賴關係上。我們為某個人工作以獲得金錢，又透過金錢讓某個人為自己工作。狩獵採集時代裡，相識的人類會基於信賴關係，提供直接的互助合作；文明社會則是以「金錢」為媒介，讓不特定的多數人間接為自己提供幫助。

簡單來說，大家都信賴金錢才得以賦予儲蓄意義，可是當這份信賴瓦解時，金錢就沒有任何價值了。不只是金錢，土地與鑽石也是一樣。說到底，光憑財富無法完全應付未來的所有難關，所以我們仍必須適度回歸人際之間的信賴關係。

如果你是唯利是圖型人類的話

唯利是圖型人類努力存錢，是因為對未來感到不安。這時的努力儲蓄其實是被「有錢能使鬼推磨」的價值觀所困住了，實在令人遺憾。以金錢為本位付諸行動，甚至到了輕忽人類之間信賴關係的程度，思慮可謂有欠周詳。所以這邊要請各位理解的重點，是人與人之間也有無法以金錢衡量的互助關係，而認識這層關係也有助於緩解對未來的不安。

首先請各位自我反省，是否會為了利益，而到達薄情寡義的地步了呢？像是其他人會無償互助的事情，到了自己身上就會努力換算出相應的價格？假若發現自己確實有這類行為時，請試著放下對金錢的執著，主動向周遭人示好吧。

親切的行為能夠牽繫人們，成為互助團體形成雛形的開端，並且引導出「現在獲得了幫助，將來一定得報恩」這類恩義的情感。若只是將這類行為換算成金錢，滿腦子想著這些行為的價值時，就無法為將來建立互助合作的關係。所以請稍微調整內心的優先順序，將人際關係擺到金錢前面吧。

和唯利是圖型人類和睦相處的方法

唯利是圖型人類的儲蓄行為，從經濟面來看同樣是個問題。賺了錢的人必須將錢花出去，才能夠使資本主義經濟正常運轉，所以請務必幫助唯利是圖型人類學會適度花錢。

唯利是圖型人類總想守護好不容易賺到的錢，可是只要讓他們明白「花錢也可以買到信賴關係」，就會獲得很好的效果。簡單來說，就是讓這類人了解與其存錢，不如儲存與他人間的信賴關係。具體地說，就是引薦從事公益活動的人給唯利是圖型人類認識，並試著向他們募款。對唯利是圖型人類來說，「捐款」的門檻或許太高了，不妨試著站在投資的觀點，告訴對方「這種活動能夠創造未來的商機」，營造出有效運用金錢的印象。或者也可以透過「建立起名聲的話，這些參加公益活動的人們都可能成為未來的貴人」這樣的表達方式，說不定意外地能夠打動唯利是圖型人類。

從現代社會的角度思考

唯利是圖型人類埋首於賺錢，導致現代社會的貧富差距不斷擴大。反覆進行高風險高報酬的投資，收益遲早會超過損失，但並不是人人都擁有雄厚的資本得以持續挑戰。像富裕階層那般有餘力的族群，自然能夠從事有利的投資。就這樣，有錢人的錢滾錢速度愈來愈快，適合貧困階層的工作卻陷入飽和；再加上人工智慧技術的發展，讓社會邁向機械化、效率化，漸漸不再需要單一性的勞動力了。

有一部分的唯利是圖型人類會認為：「我有能力當然能夠賺錢，沒必要為了沒能力的人創造工作機會。」但是回過頭看人類歷史的發展，狩獵採集時代很重視的投標槍能力，到了現代卻受到輕視。從這個角度來看，唯利是圖型人類只是湊巧獲得符合這時代的能力才賺得到錢，應該謙虛一點比較好。

近年來貧富差距的問題，就像資本主義的基本構圖露出的破綻。因此有人提出無條件基本收入（basic income）等重新分配財富的新方法，不過當前急需解決的，恐怕是如何透過社會制度調解人類的心理。

zannen

06 易怒型

生態

想利用怒氣或是不高興的態度，迫使讓大家聽從自己的指令，不理他的話就會祭出權勢或優越地位逼迫對方照辦。老是說著「因為大家都表現得不好，我只能嚴格鞭策」，實際上不過就是任性妄為地使喚他人罷了。

棲息地

社長室、主管會議、辦公室

天敵

理由伯型

常見行為

「為什麼沒有照我說的做？」

「我不是說了今天以前要完成？」

怒吼聲響徹了整間辦公室，怒吼的人看起來老大不爽。而且這種情形還不是偶爾，三不五時就會上演，一發現他人的失誤或不符自己想法的部分，就馬上爆炸指責對方更是家常便飯。自顧自地決定好理想或不可妥協的目標，若部下或周遭的人行動表現不如預期，就會開始不高興，顯然認為其他人都是自己的「棋子」。

「一定要遵守主管的指令。」

「你想忤逆我嗎？」

「不聽話的傢伙就給我滾。」

總是試圖用粗暴言論支配他人的易怒型人類，自尊心極強，自認為是「能幹的人」，並將其他人都歸類在「廢物」，慣於採取攻擊性的態度。但是自己失誤時卻會不著痕跡地歸咎於他人沒有用心留意，可以說是兼具絕不屈服的堅韌與狡猾。易怒型人類容易造成職場怨聲載道，如果不是習慣權威式管理的體育型人類或特別軟弱的人，很少有人願意與之共事，所以由易怒型人類主導的組織，人員流動性總是特別高。如果本身極富領導魅力的話或許還別有一番風情，但是大多數的易怒型只會成為背地裡的眾人嫌。

解讀生態

易怒型人類遇到不順自己心意的人，就會展現怒火，試圖讓對方服從己意。這在史前時代是

相當有效的管理方法，能夠用來對付不遵守聚落規則的人。

在狩獵採集的時代，僅在特定時期結果的果實是相當珍貴的食材，人們會靜待果實長得碩大成熟時，再採下來和同伴如舉辦慶典般共聚享用。但是若有人在果實還很小顆時就吃掉，食材量就會大幅減少，所以必須訂立團體的規矩，要求所有人都必須等到果實長得夠大為止。

當時的人們是怎麼遵守這些規則呢？首先，若有不重視規矩的年輕人提前吃掉果實的話，肯定會被集團首腦怒罵吧？年輕人經過挨罵的恐懼，意識到這是「非常重要」的規矩後，會立刻道歉並遵從規矩。怒氣與相應的恐懼，正是透過情感維持團體規矩的機制。

可是，現代組織都會明文訂立規範，就算是不成文的規定，也會透過職場溝通讓每個人都了解。此外還會藉由人事查核等單位維護規則，可以說是沒有怒火與恐懼登場的餘地。

既然如此，為什麼還會有易怒型人類呢？這主要是為了隱瞞自卑，展現身為主管的威嚴。希望部下遵守不成文規定時，必須以合理的方式向部下說明，讓對方知道這個規則的重要性。但是主管缺乏理性說服部下的信心時，很快就會祭出「怒火」（下馬威型，166頁）。只要讓對方怕得無法回嘴，自然就沒必要說服對方了。

在以前的團體裡，運用怒火的管理法能夠實現一定的效果。但是現代已經是法治社會，逐漸不再需要這種手段了。「憤怒」本身的功能逐漸降低，易怒型人類卻仍持續錯用這種方法。讓易怒型人類擔任主管職，甚至會對組織造成危害，所以必須儘快重新安排才行。

如果你是易怒型人類的話

能夠意識到自己屬於易怒型人類的話，就還有救。

首先請捫心自問，自己是否擅長目前團隊所交付的任務呢？自認為擅長的人，想必會對「不能像自己一樣順利完成任務的人」感到憤怒吧？看到那個人無法順利完成的模樣，你想必氣得牙癢癢的吧？但是請不要急著生氣，先思考能夠幫助那個人成長的方法吧。

或者，你看不順眼的對象其實是工作方法和你不同的人？這時不妨加深彼此的溝通，共享不同方法的優點與缺點吧。無法取得共識時，再用理性的方式幫助對方理解「我的方法比較適合這個團隊」比較妥當。

相對地，自認為不擅長處理眼前工作的人，這份怒火很有可能是為了隱藏自己「不擅長」的一面。渴望升遷的人特別容易誤以為「不能展現缺點」，但是這種心態其實是錯誤的。不擅長這份工作的你，濫用怒火推動工作的話，反而只會使自己的失敗更加明顯。這時表明自己的不擅長，並且尋求團隊的協助或許比較好。「這個我不太清楚，你有什麼想法呢？」請尊重其他成員的意見，試著摸索工作的方向吧。

如果你自己就是團體的管理者，而團體任務在成員同心協力下大獲成功的話，必須確認自己是否給予了公平的獎賞，並明確表達出自己的感謝。另外也要特別留意，如果團隊成員中有嫉妒型人類的話，有時成功反而會釀成問題（110頁）。

嫌這些溝通過程實在麻煩的人，請明白正是因為麻煩，才不能隨意用「怒火」解決事情。或者不如 考慮放棄管理職，讓人生輕鬆一點。

和易怒型人類和睦相處的方法

易怒型人類擔任管理職時，底下的人會很辛苦，團隊的士氣也會很低落。所以企業必須在人事方面多下點工夫，才能顧及組織整體的正常運作。易怒型人類雖然經常怒吼部下，但是在主管面前卻會假扮成溫馴的管理人員。因此有時主管會誤會他們是「可用的部下」，比較難發現人事方面的癥結點。

企業進行人事異動時，若總是從上位的角度思考，很難改善易怒型人類造成的問題，所以有時人事部門必須傾聽現場的意見，搭配基層的想法進行調配。近年不少日本企業甚至專門設立職權騷擾應對部門，直接受理員工的申訴以改善這類問題。

話說回來，易怒型人類即使收到部下的意見回饋，也多半不會改善。因此透過第三方部門，幫助易怒型人類認知自己的問題會是不錯的方法。無法設立第三方部門的中小企業，不妨諮詢外界相關單位。連這種問題都拖拖拉拉改善不了的企業，恐怕也沒什麼將來可言，不如趁早考慮換工作吧。

從現代社會的角度思考

據說一手打造Panasonic，人稱「經營之神」的松下幸之助，非常擅長用訓斥的方式激勵員工。公司還在發展的初期，有位員工帶著新事業提案去找松下社長時，發現上一場面談還沒結束，而松下社長正以非常嚴厲的態度斥責對方，站在外頭都聽得一清二楚。這位員工在外靜候時不禁如此懊惱：「我還真會挑時間來……。」當他膽戰心驚地踏進辦公室後，卻見松下社長火速褪下原先的怒氣，真摯地傾聽他的事業提案，最後還鼓勵他「努力去做」。

依循理性判斷所演繹出的「斥責」，是敦促對方反省的方法。問題在於人們不懂得區分這種「斥責」與情緒化的「怒斥」，結果許多理性的「斥責」卻被解讀成職權騷擾。

如果情緒化的「怒斥」逐漸從日常生活中消失，只剩下理性的「斥責」，就不容易造成誤會了，而這也是我想早日實現的理想社會。但是人類似乎是從孩提時代就搞不清楚情緒化的「怒斥」與理性的「斥責」兩者之間的差異，所以或許從家庭教育的階段就必須更加謹慎才行。

zannen

07 里長伯型

生態

總是將手伸向他人的工作或隱私，以建議之名強迫他人接受自己的想法。會擺出一副施恩的姿態，他人的感謝不足或是態度不夠低微時，就會不高興。很容易因為太過在意他人，反而疏於自己的責任。

棲息地

辦公室、網路論壇、Yahoo！知識＋、讀賣小町、老家

天敵

唯利是圖型

常見行為

「你在做什麼啊？」

「這樣做比較好吧？」

當我們正為了某專案困擾時，有人親切地主動靠近，正想著「天助我也」而順勢接受對方幫助後，沒想到日後對方卻露骨地展現出施恩的姿態，叨叨唸著：「要不是當時我幫了你……」或者是向周遭大肆宣傳，彷彿完全都是自己的功勞一般。

「這個人真的很脫線，做什麼都不經過大腦。」

「這個團隊少了我怎麼行啊～」

此外，里長伯型人類還會經常說出這類貶低他人的話語。不如該說，他們找到需要自己協助的弱小對象後，就喜歡將對方擺在自己身邊。里長伯型人類總是監視著他人的一言一行，有時還會積極挑出他人的失誤與漏洞。

雖然里長伯型人類自認為自己在團體中的地位無比重要，但實際上別人都覺得他們很煩，雙方的認知差距甚大，使得這類人始終無法理解內心與他人隔閡如此大的理由。

「我都會幫別人慶生，也會留意他們的身體狀況，為什麼還是沒辦法打好關係呢？」

除此之外，里長伯型人類容易只顧著注意別人，疏忽自己手邊的責任。但若是向他們指出這部分的缺失時，可能會導致里長伯型人類惱羞成怒。

「我知道，我正準備要做！」

「不用你提醒，我自己知道！」

解讀生態

人類似乎是世界上唯一會從嬰幼兒時期就透過「出借物品」等行為，主動幫助他人的動物。可以說人類與生俱來就具備一定程度的「里長伯個性」。

互助合作的夥伴關係之所以能夠成形，原動力就是情義等感情方面的要素推動而成。據信是生存在狩獵採集時代的人類，藉由互助關係逐漸培養而成的情感。總是受到特定夥伴的幫助，能夠感受到自己「欠了很多人情」，彼此間也就產生恩義責任，進而衍生出想要「償還人情」的行為，再逐步發展成互助合作的關係。

里長伯型人類正是致力於「出借人情」給周遭人。愈多人受過自己的幫助，日後有難時能夠幫助自己的人愈多，這使里長伯型人類感到安心。拿捏好分寸的話，這種策略可以收到一定程度的效果。平常先積好「陰德」，就如同做好儲蓄一般，令人充滿了安全感。

可是，一旦助人行為超過一定程度，他們就會開始渴望起他人的回饋。里長伯型人類會無視他人的「煩躁」執意出借人情，所以很容易引發周遭人的反感。儘管如此，受到幫助的人往往會因為不想抹殺他人的善意，而難以拒絕里長伯型人類的幫助，當然也就更無法感受里長伯型人類的真心。

里長伯型人類自己並不曉得，實際上他們最重視的還是自身的安全感，而不是為了助人。表面上是為了他人盡心盡力，實際上終究為的是自己（也就是「虛情假意」）而非他人。

如果你是里長伯型人類的話

里長伯型人類的理想是無差別幫助他人，這個理念本身很棒，但是幫助他人很費工夫，自然也會有極限。所以請試著劃分等級，先判斷對方能否回報自己再決定要不要出手幫助對方吧。事實上，許多人都是這樣決定要幫助誰的。

里長伯型人類的問題在於不擅長做出這方面的判斷，正是因為不擅長，才會出現每個人的事情都想插一腳的狀況。這時最有效的應對方法，就是釋放出「我可以幫忙」的氣場，然後只幫助主動求助的人。

真的不幫助人會手癢時，也請必須冷靜地審視自己，你是否對人際關係的構築抱持著某種不安呢？有時也請試著體驗一下總是承受人情的「負債經驗」吧。如果你對承受人情會感到坐立難安時，就必須特別留意了。假若你會害怕依賴別人，但同時又過度幫助他人的話，其實也代表你的人際關係可能出了問題。此時請務必理解，世界上也有不必「施」也能夠「受」的人際關係。

和里長伯型人類和睦相處的方法

里長伯型人類通常都具備一定程度的能力，所以掌握問題癥結點後，可以試著讓對方成為自己的助力。由於里長伯型人類助人的動機是「賣人情」，所以事後大家依對方帶來的實際助益表達感謝，並將其視為夥伴一樣尊敬，這點是很重要的。

面對到處送禮的里長伯型人類，回禮並不是上策。最好的方法是明確表現出謝意，提高里長伯型人類的風評。里長伯型人類在職場表現不錯時，則要更加留意應對方式。利用分紅等金錢方式回報他們的辛勞時，他們就無法在群體中以恩人自居，有時可能會因為內心安全感未獲得滿足而跳槽（唯利是圖型人類，35頁）。

有些里長伯型人類滿心想要助人，卻總是白費功夫。遇到這種不知節制地對他人指手畫腳，導致工作負擔增加的里長伯型人類時，必須為他們指點方向才行。要指派工作給里長伯型人類時，看清能力後採取拜託的態度會很有效果。此外，由於主管指派工作就無異於「命令」，所以不妨改用同事求助的方式去進行。

相較於高調型人類（6頁）一旦獲得所屬團體的「認可」就容易失去活力，大部分的里長伯型人類會追求所屬團體成員的「感恩」。只要為他們打造能夠持續獲得感謝的職場環境，想必就能夠一直為公司盡心盡力了。

從現代社會的角度思考

人類會對特定的對象產生名為「恩義」的情感，而這份情感能夠為兩人維持互助合作的關係。但是現代社會已經細分責任，生活中本來就會有許多間接的合作關係。我們會以P先生幫了Q小姐，Q小姐幫了R先生，R先生又幫了P先生之類的循環，進行廣義的互助合作。而「恩義」這類情感在大規模的互助關係中產生不了作用。

現代社會取而代之的報酬是「風評」。承受恩義的人對恩人表達感謝後，再將這個事實告訴許多同伴，以提高恩人的名聲。向名聲很好的人施恩，日後獲得回報的機率較高，所以其他人自然也更加願意對好名聲的人伸出援手。

這種源自於名聲的互助合作，有助於促進間接合作的循環。里長伯型人類「賣人情」的行為同樣有助於提高自己的名聲，但是向自己求助的人可能會愈來愈誇張，甚至演變成自己應付不了的程度。

然而名聲也只是傳聞的一種，完全不值得信任。其中甚至可能暗藏著類似「買評價」等不實行為，明明沒有受到這個人的幫助，卻散播「受過幫助」的假消息以提高某個人的名聲。現代社會充斥著口說無憑的資訊，使得確認風評真偽的機制變得更加重要。

里長伯型人類通常都很有能力，才有辦法到處幫助別人。我相信透過肯定他們能力的評價，有助於這類人大展身手，在社會上益發活躍。

zannen

08 宅宅型

就是因為這樣，
我才說這個最讚了
>///<
呼啊
呼啊
呼啊
呼啊

生態

對自己有興趣的話題充滿熱情，一開口就亢奮到停不下來，與平日不慍不火的形象交織成獨特的風格。對同好的態度親切，遇到非同好時就冷淡許多。

棲息地

Twitter、網路論壇、同人誌展

天敵

易怒型
強調共感型

常見行為

「昨天小圓的這部分表現超棒～」
「劉生的肌肉美真是不得了」

中午或是其他休息時間，有時會傳來完全聽不懂的對話。拉長耳朵一聽，似乎是群同好正熱烈聊著共通的話題。但是語速實在太快，對話間又夾雜了特殊用語，旁人自然完全無法理解。宅宅型人類的一大特徵，就是獨自一人時文靜沉默，但是遇到有共通興趣的人，會連珠炮似地高談闊論。

此外，宅宅型人類也會積極經營社群網站，並與特定的粉絲有極其密切的聯繫。談到熱愛的話題時雙眼會瞬間發亮、臉頰泛紅，和平常冷靜的模樣判若兩人。不熟悉他們熱愛的事物時就很難聊，即使硬要聊也會很快被看破手腳。

雖然一般人和宅宅型人類聊不太起來，但是只要善加運用他們的興趣，自然會獲得熱絡的應答。宅宅型人類對有興趣的事物充滿熱誠，但很容易對沒興趣的事物提不起勁，提起幹勁的程度相當兩極化。將他們配置在頻率不合的團隊，或是宛如體育社團般走熱血路線的部門時，他們可能難以適應，或者會更加封閉在自己的世界裡。

解讀生態

宅宅型人類的優點是對特定事物「非常講究且涉獵很深」，缺點則是欠缺「廣度」。遇到有興趣的領域就化身為狂熱的粉絲，能鑽研出相當豐富的知識，但是對於領域外的事物卻漠不關心，而這些特徵就源自於「男腦機能」。

重度宅宅型人類本身就不擅長想像他人的意圖或期許，其中有一部分人在精神科診斷基準中符合自閉症類群障礙（Autistic Spectrum Disorder, ASD）的標準。根據統計，男性罹患自閉症的比例是女性的九倍之多。

心理學家賽門・拜倫－柯恩（Simon Baron-Cohen）發現，如此懸殊的比例是因為男性在胎兒時期，男性荷爾蒙提高了「男腦機能」所致。他調查了實驗室儲存的羊水，發現空間掌握與機械理解等系統化能力愈高的孩子，羊水內的男性荷爾蒙就愈多。

據信男性平均系統化能力較高，是因為史前時代負責狩獵的關係。男性必須預測動物的逃跑路線，並儘快擋住去路以確保狩獵成功。此外也必須將獵物帶回居住地，所以男性的這部分能力才會獲得選擇性的進化。另一方面，女性負責的工作則是採集與養育，所以平均起來找東西的能力與同理能力較高（強調共感型，66頁）。

結合上述，這也就是為什麼大部分的男性對於宅宅型人類有一定程度的理解，大部分的女性卻覺得相當費解。所以女性宅宅型人類，也往往抱持著難以獲得旁人理解的困擾。因此希望各位能夠先了解人類始祖的演變機制，再對這類人做出適當的應對。

如果你是宅宅型人類的話

宅宅型人類習慣深刻探究特定的小小世界，因此有知識過於狹隘的傾向，所以請試著慢慢拓展自己的世界吧。

首先從有興趣的領域出發，透過與該領域有關的知識，慢慢拓展視野的廣度。但是在探索相關領域時如果不順利，宅宅型人類就特別容易感到不開心，進而不願意挑戰新的未知領域。所以當你無法順利找到拓寬視野的知識時，不妨「放鬆心情」，將這個問題視為今後要挑戰的課題吧。如果順利找到能夠幫助自己踏入其他世界的知識，不妨以此為起點，積極展開探索。

宅宅型人類不擅長分析複雜的「人類」，尤其不懂得應付「說的是一套，想的是另一套」的場面。一般人憑直覺就能理解的事情，對於宅宅型人類來說，不追根究底仔細分析是絕對無法搞清楚的。

如果各位有這樣的煩惱，不妨多活用自己的朋友吧。也就是交幾個能夠理解宅宅型人類特性的朋友，向他們請教解讀場面話的方法。像是有人對你表示「我明白你已經很努力了」時，其實他們真正想表達的是「但是還看不到成果，再加油一點吧」這樣的意思。如此一來，宅宅型人類慢慢地就能夠在他人言不由衷的時候，看出對方略帶為難的表情特徵。

和宅宅型人類和睦相處的方法

宅宅型人類在人際關係上很容易出問題，但是他們把對於特定領域的鑽研精神發揮在工作上時，卻會帶來莫大的成果。支撐著現代資訊社會的「IT宅」，就是相當典型的範例。

宅宅型人類身處的環境，攸關著他們的能力是會受到活用還是慘遭扼殺。他們能夠大放異彩的，是規則明確且只要遵從規則、踏實工作即可的部門。像是典型的職人技能或是會計方面的工作，就很適合宅宅型人類，所以請為他們安排能夠發揮專業技術的工作吧。

至於必須視情況調整規則的環境，就非常不適合宅宅型人類。他們會搞不清楚調整的基準，很容易感到混亂。此外他們也不擅長應付作業優先順序或截止期限等日程安排的變動，所以將他們配置在必須隨機應變的環境時，就要搭配能夠明確解說各種狀況的主管。

對宅宅型人類來說，「常識」這個詞是禁句。一般人會從社會生活中吸收所謂的常識，但是這對宅宅型人類來說卻困難異常，所以在說明狀況時，「用常識想想」這句話有講等於沒講，對方聽了也只是一頭霧水。各位不妨在與宅宅型人類相處時，多留心對方會搞不清楚的狀況，將隱形的規則程序彙整成明確的書面規章，讓組織的規範更加明確。

許多日本企業會為了活絡組織，會頻繁地調整組織結構或進行人事異動，這對宅宅型人類來說是一大難關。好不容易建構起來的工作模式慘遭破壞，還得再耗費一番心力重新構築新的模式。假若部門裡有宅宅型員工時，請盡量將職場變動程度降到最低。

此外，宅宅型人類與強調共感型人類（66頁）一樣，有不少對刺激過度敏感的人，一般人不在意的單調雜音對他們來說會構成十足嚴重的干擾，或是光線的閃爍卻會造成他們眼睛睜不開等。突如其來的輕微身體接觸，對他們來說卻是強烈的刺激，進而驚慌失措。所以在為他們安排職場環境時，也請顧及這一點。

從現代社會的角度思考

傳統的銷售模式很重視人際關係，會從往來對象身上找出珍貴的資訊，以利推動商業行為，但是在現代這個高度資訊化的社會中，已經轉變成提案型銷售模式，必須自行組合形形色色的資訊，主動向顧客提出有利的商業內容。因此即使是不善交際的宅宅型人類，也能夠透過分析網路資訊與電子郵件的聯繫，搖身一變成為長袖善舞的業務。

鑽研大數據以找到有利資訊，或是人工智慧的開發，也都是符合宅宅型人類特質的工作，也就是說，「能否運用宅宅型人類專長」已經成為現代社會的一大關鍵。

在以往高度成長時代的日本企業，會期望企業內所有成員，透過長久的共事培養出猶如家人般的默契，如此一來，基層員工即可透過「察言觀色」推估主管的想法，增進企業的營運效率。但是現代企業的人才流動率提升，人們依照契約提供勞動服務，很難再培養出這種如彼此肚子裡蛔蟲般的默契，因此才需要明確的企業規範。

從上述種種角度來看，現代社會隨著文明的發展，逐漸整頓出適合宅宅型人類生存的環境。當然，站在一般人的角度來看，也意味著不重視人情味的社會組織增加了。因此今後各大企業面臨的課題，將是如何打造多種工作模式兼容並蓄的環境，讓重視人際關係的人們享有和樂融融的氣圍，不講究的人也能夠依循契約提供機械性的勞動服務。

宅宅型人類鑽研特定領域的能力，是文明發展的重要支柱，因此請務必將他們與生俱來的才能運用在有益社會的各大領域上。

zannen

09 強調共感型

生態

能夠輕易嗅出他人的情緒波動，卻不曉得該怎麼處理。對他們來說，人際關係比工作更為棘手。奉行「皆大歡喜」而過度討好他人，有時還會主動跳進難解的困境。行事全憑感覺，不擅長冷靜地就事論事。

棲息地

茶水間、洗手間、辦公室

天敵

易怒型、病態型、唯利是圖型

常見行為

強調共感型人類平時安分，不會強出頭，有時卻會表現得坐立難安，詢問之下才知道……

「那個人今天心情不好。」

「我得和私底下水火不容的兩個人共事。」

原來他們敏感地察覺周遭狀況而深感困擾。強調共感型人類能夠與人相處融洽，也很擅長與他人合作，但是對於他人的情緒或變化卻會過度敏感，有時反而因此陷入不必要的煩惱中。

強調共感型人類有時會因為過度追求人見人愛，導致思路卡住。工作時在關係不合的人們之間當夾心餅乾，會讓他們感到混亂，嚴重時甚至可能對工作產生阻礙，結果把麻煩事一股腦丟給其他人，自己狼狽逃跑。強調共感型人類的一大特徵，就是明明不擅長處理人際關係，卻很喜歡跳進風暴中心湊熱鬧。

他們談話時會不斷地說著「我懂」，乍看聊得很開心，實際上根本沒仔細傾聽內容。他們優先重視能引起自己共鳴的事物，容易忽略超出理解範圍的事情、制度與既定規矩等。當一群強調共感型人類聚在一起時，會武斷地將意見不同的人歸類為「冷血」，因此難免出現有理說不清的情況。

解讀生態

強調共感型人類能同理他人的感覺與想法，往往在和樂融融的團體裡扮演著重要角色。但是把「他人心情」擺在最優先，其實也會造成不小的弊害。

平均來說，女性在同理他人方面較男性優秀。宅宅型人類（58頁）有談到，男性一般較擅長以系統化的方式深度思考，這兩種特質可以說是互相對照的能力。心理學家賽門．拜倫－柯恩研究後發現，這種男女性之間的平均差異，源自於人類發育時接觸到的性荷爾蒙量。

女性高度的共感能力源自於狩獵採集時代的生活型態。當時每個聚落的人數約一百人左右，

男性出遠門狩獵的期間，女性會留在居住地養育孩子。同一個聚落的女性會共同扶養十幾名小孩，有空閒的女性便會去鄰近區域採集；而負責育兒工作的女性與不擅長表達的兒童相處機會較多，推測他們想法的經驗自然較男性豐富。當中愈能精準推測兒童情緒的女性，育兒起來更加順利，留下後代的機會更高。當時負責危險工作的男性容易英年早逝，遺孀只能求助於聚落成員，才能夠將孩子撫育成人。想要在他人幫助下過活，察言觀色的能力自然也很重要。

可是，現代已經能夠透過語言和形形色色的人溝通，若還要察覺他人未說出口的真心話是否合宜，其必要性恐怕就有待商榷。舉例來說，約大家一起去吃法式料理的時候，明明大部分的人都開心答應了，強調共感型人類卻注意到有些人不太情願，心情自然就大受影響。既然無法讓所有人感到滿意，就建議適度忽視言不由衷的狀況吧。

如果你是強調共感型人類的話

人與人的互動往來，有所謂的場面話與真心話，有時候即使內心明白不是這麼回事，仍會藉由場面話，將事情導向對自己有利的方向，以維持心靈的安定（理由伯型人類，14頁）。然而忽視這一點，在沒辦法皆大歡喜時跟著不開心起來，壓力肯定很大吧？所以儘管共感能力很重要，仍然必須養成讓理性優先運作的習慣；即使察覺到他人說出口的話與真心話不同，也還是要坦率接受對方交出的場面話，這都是很重要的處世態度。

更何況，也可能打從一開始「這個人沒有說出真話」的直覺就出了差錯。莎士比亞筆下的主角奧賽羅正是不相信妻子，堅信賢淑的妻子出軌而誤殺對方。在現實生活中，即使認為他人不過是場面話，也能夠寬容地接納對方的說法，已經在許多場合中都證實是有價值的作法。

強調共感型人類眼中最理想的關係，就是透過共鳴締結緊密的關係，其中尤以女性最為明顯。女性會彼此分享自己內心的小祕密，然而表現出對困擾的共鳴，結果某天卻演變成另一方的把柄，讓雙方在這段關係都舉步維艱，最後甚至引發了糾紛。由此可知，即使是站在他人的立場同理對方處境的作法，也應適可而止。如果你依舊期望與誰產生共鳴，不妨選擇閱讀文學作品、鑑賞電影、飼養寵物等其他的方法來獲得共鳴感。

和強調共感型人類和睦相處的方法

如前所述，只要強調共感型人類學會控制共感的場合，就能夠成為職場人際關係的潤滑劑。他們擅長仿效他人，所以融入職場環境的速度也很快。當他們負責業務銷售工作時，也能夠站在客戶的角度思考，進而帶來令人滿意的工作成果。

不過，若是發現強調共感型人類與部下相處時，過度重視彼此的共鳴時，有時反而會是麻煩的開端。這時不妨提醒他們：「共鳴很重要，但是也必須保有適度的距離。」

共感能力高的人擔任主管時，會很重視所有團隊成員的想法，也具備強大的耐性，能夠不厭其煩地透過一次又一次的討論引導出結論。換句話說，他們會聆聽基層心聲後再做決策，而這種決策方法也隨著女性管理人員的增加，逐漸在許多企業中普及化。同理可證，當職場環境變得對這些高共感能力的人員更友善時，就有更多兩性可共同發揮專長的空間，對企業的長期發展想必也有正向幫助。

有時強調共感型人類不僅會敏感地察覺他人情緒，還會留意到他人渾身散發的氛圍、天氣（低氣壓）、化學物質的氣味、間歇性的聲音或光線等環境要素，所以多傾聽他們的想法，有助於打造出適合團隊所有成員的工作環境。

從現代社會的角度思考

社群網站等現代媒體，已經成為當今人際關係的重要橋梁。對強調共感型人類來說，原本能夠輕易透過表情或聲調來判斷他人想法，如今隔著媒體平台就變得困難許多，或許會使他們的需求變得比以往更難獲得滿足。儘管人們會用表情符號或貼圖更直接地傳達自己的情緒，但那或許也只是場面話而已。

強調共感型人類追求的是產生共鳴且密切的人際關係，然而奠基在現代媒體之上所發展的交情卻很難符合這樣的需求，因此他們使用社群媒體的主要目標是維繫既有的緊密人脈。結果這些媒體的登場，讓強調共感型人類更執著於學生時代的友情，反而對新的緣分造成阻礙。

現代媒體的特徵是牽繫起現實生活中無緣的人們，原以為有助於拓寬人際關係，卻也有人因此變得更加封閉。體察他人心情的能力在必須攜手合作的團體當中，確實對每一位成員的心靈來說相當重要，但是有時卻反過來成了他們封閉的原因。

前面在唯利是圖型人類（35頁）有提到，這個高度文明的社會是由不特定多數人透過金錢互相幫助，因此對強調共感型人類來說，或許也是時候冷靜思考該重視共感到什麼程度才恰當。

zannen

10 好辯型

生態

總是以討論之名行反駁之實，當自己的意見不被他人接受時，就會開始否定對方人格或是雞蛋裡挑骨頭。表面上「喜歡討論」，但是喜歡的不是真正的討論，甚至會將他人的質疑視為對自己的挑釁。

棲息地

會議室、網路論壇、
各種新聞網站、
報紙投書

天敵

好辯型

常見行為

「不不不，你搞錯了吧？」

「這個錯字修正一下吧？」

「確實會有人這麼想啦，但是呢……」

好辯型人類聽到別人發表意見時，會馬上以「討論」的名義表達反對，進一步交流後，才隱約發現好辯型人類只是希望他人接受自己的理論或想法，完全沒打算「討論」。證據就是只要結論不如己意，或是自己的提議遭駁回時，就會變得沉默或是語帶刁難，開完會後還會在會議室、庭園或吸菸室裡大發牢騷。

「那些傢伙真是不可理喻，明明就搞不清楚狀況……」

假若你對於好辯型人類的離題與人格攻擊感到厭煩而選擇閉嘴時，他們可能會誤以為「我辯贏了」、「對方無法回嘴了」而沾沾自喜。可是若對他們反擊或是踩到痛點的話，好辯型人類就會開始找碴、以受害者自居，最後甚至拿出身分壓人，藉此強迫他人接受自己的意見，或是試圖壓過他人的氣勢。

「你那種說法真的恰當嗎？」
「只會欺負別人。」
「連主管的話都不聽了嗎？」

此外，懂得說話藝術的好辯型人類，則會在討論時將「肯定對方的態度」當作展現自己優越地位的工具。

「你說的沒錯，我也很清楚這一點，不過如果再更注意這點的話……」

儘管強辯容易妨礙建設性的對話，但好辯型人類仍然熱衷於將討論化為辯論，難以應付。

解讀生態

一般而言，討論是為了取得眾人的共識。未經適度的討論就直接透過多數決得出結論（例如投票選出可以抽菸的場所），這種決策過程並不算真正的民主。民主會透過討論，理解彼此的立場與意見，從中得知各自的謬誤或極限，互相妥協後取得「共識」。

然而好辯型人類卻將討論視為「一較高下」。即使表現出「我提供這方面的看法」這種和善的態度，但只要被指出破綻，好辯型人類就會不給人喘息空間地接連拋出質疑。有時甚至會用「你這種人的話不值得信任」的高壓態度，否定對方的人格。

好辯型人類對勝負的執著源自人類的本性。以前的人類會透過戰鬥決定階級，以保障自己的配偶選擇權或地盤。立足在優越地位以保障生活利益的演化歷史，讓人類進化出嚮往高處的天性（下馬威型，166頁）。而好辯型人類只是將爭奪優越地位的方式，從拳頭式的暴力改成言語上的辯論而已。

如果你是好辯型人類的話

辯論讓人類能夠在不使用暴力的情況下解決問題，當然是值得肯定的作法。但是現代已經不像以前一樣事事都得爭奪上位，所以請各位務必跳脫對上下關係的執著。

「認錯」就是擺脫上下關係的第一步。當別人指出自己意見中的問題時，不妨試著表現出獲益良多或是體認到重新思考的重要性，說聲：「原來如此，或許真如你所說。」如此一來，「想辯贏他人」的想法，就會慢慢轉變成「和他人合作創造良好的成果」了吧。

逐漸擺脫好辯的個性後，試著觀察其他好辯型人類，想必就會明白人們面對好辯型人類的心情了。「我的目標是大家合作，對方卻老是想一較高下。」只要能認知到如此想法時，就請試著說服對方吧。既然自己有過擺脫好辯個性的經驗，那麼應該比他人更容易察覺說服好辯型人類的線索。

要說好辯型人類慣於辯論的優勢，理應是「辯論能力的鍛鍊」。所以請務必將至今習得的辯論能力，活用在民主的討論中。

和好辯型人類和睦相處的方法

一般人很難跟上好辯型人類的論點，即使想要整合彼此想法時，他們也會試圖混淆或緊咬他人的語病。事實上，當我們試著理解好辯型人類的意見時，他們反而會解讀成「對方認輸」，也很擅長包裝成自己大獲全勝。因此對於圍觀群眾來說，好辯型人類看起來「很有能力」。

和好辯型人類爭辯是毫無益處的，因此調整面對「討論」的態度才是上策。首先不妨在討論之前，先講明「這次討論的目標」，坦白要求與會人士避免有違目標的發言或是只想辯贏的表達方式。但是這個方法是否奏效，終究是取決於會議主持人的經驗與技能。

此外，很多人乍看好辯，卻不見得都屬於好辯型人類。面對好辯型人類要想辦法避開辯論，但是遇到追求他人認同的高調型人類（第6頁）時則應該坦率地討論。另一方面，宅宅型人類（58頁）的高談闊論，也只限定於展現自己熟悉的領域，並不會對周遭造成大問題。

主持人可事先擬定會議目標，否則若放任成員恣意發言，就只是浪費眾人的時間，導致開會弊大於利。另外也可以預先排除好辯型人類，待大家討論出結果後再於會後詢問他們的意見。畢竟沒有聽眾在場，辯贏也毫無意義，因此好辯型人類在單獨談話時往往超乎預料地配合。

從現代社會的角度思考

隨著網路等資訊發展孕育而生的留言板與論壇文化，讓每個人都能夠暢所欲言。站在「言論自由」的角度，這當然是相當理想的狀態，但是很明顯這些平台並未受到真正的活用，而元凶之一就是四處流竄的好辯型人類。

即使人們以健康的方式討論某個議題，可是只要好辯型人類加入，就會馬上轉變成腥風血雨的戰場。當貼文裡滿滿都是好辯型人類的留言時，論點就格外難以彙整，也造成追求健康討論方式的人們紛紛離去，結果就出現了很常見的網路現象——一群好辯型人類永無止盡地爭論，願意聆聽他人想法的聽眾則一個也不剩。

人們都說「日本人不擅長辯論」，問題就出在會將上下關係帶進討論現場。有些主管會在討論場合以權位逼人，有些秉持異議的部下則將討論當成發洩不滿的機會。日本職場中的會議之所以多不勝數，恐怕也是這個原因造成的。

由此可見，無論是網路還是職場，都必須更重視有效率的討論，才能因應現代這個愈來愈發達的資訊社會。

zannen

11 後悔型

生態

羨慕他人的成功或幸運，不斷反省自己的選擇錯誤。有時會連不屬於自己的選項都列入思考，衍生出沒必要的沮喪。會因為過度後悔而失去幹勁，無法面對現在應努力的課題。經常在社群網站上發布自暴自棄的動態，讓周遭人也跟著消沉起來。

棲息地

Twitter、Facebook、
酒會、
歡迎會或送別會

天敵

自戀型
病態型

常見行為

「我當時如果那樣做的話……」

「真羨慕〇〇先生的好運。」

「〇〇學校畢業的果然不一樣~」

在酒會上不由自主吐露心聲，隨即又後悔；可是只要看到他人成功，又忍不住說出真心話。這類人會花大量時間思考自己曾經有過的可能性，並深深自責沒有選擇正確的道路。有時甚至連毫無可能性的選項都列入考慮，惋惜著本來就不可能的未來。而且他們不會因為後悔就改變行動或是更加努力，通常只是在悲傷中結束這回合，徹底放棄曾經有過的可能性。

有些後悔型人類會因此無心處理眼前的課題或工作，於是隨便交差，引來周遭人的不滿。但若是放著不管，他們就會放棄努力或是自暴自棄，眼睜睜看著自己獲得的機會付諸東流。儘管如此，後悔型人類還是會期待無與倫比的幸運自行到來，想著：「給我機會的話，我也會做得很好。」「只要有機會的話……」完全沒打算鍛鍊自我，僅僅期待著「我才是那個天選之人」。

解讀生態

後悔型人類對現狀感到不滿，是因為自認為「過去做出失敗的選擇」，任由負面情緒塞滿整個腦袋。他們會不斷懊惱著：「如果當時選了另一條路，我就能過得比現在幸福。」可是「後悔」本身其實具備「反省失敗，並在下次活用經驗」這種展望未來的功能，要是沒有下次機會的話，後悔也無濟於事。

現代社會已經變成「什麼都辦得到」的不幸社會，選項多得令人不知該從何選擇；強迫自己從中挑出選項後，等在後頭的只有後悔，無論選哪條路，事後都會想著：「如果當初選另外一條路就好了。」人類歷史上從未出現過像現代這麼多選項的社會，正因為過去不太需要選擇，才讓我們的基因尚未習得「選擇的技能」。以生涯規劃為例，以前人們重視繼承家族事業，當一個人作為廚師之子出生後，理所當然未來也會成為一名廚師，不會將鍛造師或桶匠等其他職業列入考

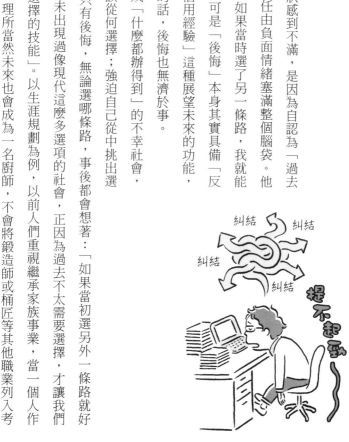

量，自然也不會在繼承餐廳後才後悔抱怨：「早知道應該成為鍛造師的。」畢竟，一開始就不是比較過廚師與鍛造師這兩個職業後，才決定成為廚師。

然而現代無論是什麼樣的職業，都張開雙臂迎接所有合適的人，讓人們得以挑戰喜歡的工作。當然無論選了什麼樣的職業，都可能對此感到質疑，不斷猶豫著：「或許我比較適合其他行業？」因此當社會的選項愈多，後悔型人類也會跟著增加，幸福感則跟著降低。

如果你是後悔型人類的話

仔細思考不難發現，「選擇」這個行為其實非常辛苦。試圖在五花八門的選項之中找出最佳選項，幾乎是不可能的任務。為了找出最好的選項，必須花費龐大心力做足事前準備，結果不管做了多少功課都無法下決定。所以我們應當做的並不是「找出最佳選擇」，而是在有限時間內，做出最妥當的選擇。

不過，若只是隨便挑一個尚可的選項，日後難免還是會自我懷疑：「當初是選擇另一條路就好了。」所以這裡就來介紹有助於減少後悔的方法。

① 不要只看光鮮亮麗的一面

常言道「外國的月亮比較圓」，我們遙望著當初捨棄的那條路，難免會覺得遺憾。好比身為鎂光燈焦點的藝人，乍看很快樂，卻也有不少人因為日常都被外界放大檢視，而想要回歸普通人的身分。所以請積極舉出現在生活的優點，就如同童話《青鳥》所說，幸福其實近在身邊。

② 失敗為成功之母

能力再強的棒球選手，打擊率也差不多三成。也就是說，他們站上打擊區時，每三次揮棒就會有兩次落空，所以若想成功，就得增加站上打擊區的次數。失敗後只要反省，再次站上打擊區，終究能夠贏來成功的機會。所以別光顧著後悔，而是透過充足的準備，靜待下次機會。

③ 事前盡力就不易後悔

當你處於選擇的階段，請在能力所及範圍內蒐集各個選項的資訊，列出優缺點。最後或許還是得依靠直覺做決定，但事後重新檢視這份資料，自然會明白「對當時的自己來說，這樣的選擇已經是最合理的」，進而意識到現在的自己對於這段過去並不需要感到後悔。

④客觀看待自己的命運

很多人都會說「你要依自己的喜好做決定」，可是我們既然生存在這個社會，「符合社會期待」仍具有一定程度的意義。而且相較於選擇「喜歡的事情」，選擇「雖然不到喜歡的程度，但是符合自己能力的事」，人生反而比較輕鬆的例子也並不罕見。所以不要只是從自己的角度思考，老是想著「要從自己獲得的所有選項當中做選擇」，也應該將他人的想法列入考量，試著思考：「周遭的人會希望我做哪個選擇呢？」

不過，透過方法④時做選擇時，也請別忘了搭配③。沒有仔細斟酌過選項，單純遵循自己的命運而行，就會變得像命運型人類（28頁）一樣深受命運論的擺布罷了。

害怕失敗，面對選擇時自然會裹足不前。因此最重要的還是儘早擺脫後悔型人類的性格。

和後悔型人類和睦相處的方法

後悔型人類會將對現狀的不滿，歸咎於過去的選擇，但是原因實際上相當複雜。即使過去做了另一個選擇，或許同樣會抱持不滿。尤其是站在周遭人的角度來看，後悔型人類除了後悔之外，理應還有許多可改進的地方。

可是身為旁觀者，想指出他們應改進的地方時需要相當慎重。實際上當事人也隱約感受到自己的不足，所以或許會半帶找藉口的心情，陷入永無止盡的後悔中（理由伯型人類，14頁）。不妨試著找出證據，說服後悔型人類：「這個選擇並不是什麼天大的錯誤。」

此外，當後悔型人類做下一次選擇時，不妨陪他們聊聊吧，試著確認後悔型人類是否已經努力到不必後悔的程度，並適時鼓勵他們。只要他們懂得在做出選擇前付出努力，不知不覺間就會養成選擇後依然努力的習慣，後悔的機率自然會逐漸減少。

這個現象在心理學中，又以「入會儀式效果」而廣為人知。加入某個團體前必須通過困難的儀式，未來忠於這個團體的機率愈高。「既然費盡千辛萬苦加入了，就得在這裡努力才行。」保持這樣的心態，就有助於人們持續不斷地努力。

從現代社會的角度思考

現代社會除了職業選擇的自由之外，同時也確立了形形色色的自由，這當然是值得喝采的事，但是自由也伴隨著責任。假若有個人誤入黑心企業，周遭人們也很容易認定「這是你自己的選擇」，進而判定當事人必須自己負起責任。可是真正的責任，應該歸咎於放任這種企業存在的社會才是。

獨裁政治與迫害下的自由確實價值非凡，然而我們也不能忽視隨著自由而增加的多元選項，同樣也會導致生活陷入痛苦。若我們不加理會這個課題，就會造成社會上產生愈來愈多的後悔型人類。

該怎麼做才能選擇不會後悔的路，是生存所必需的智慧。這種增進幸福的智慧，正是學校應教給我們的。現在已經是能夠透過網路搜尋取得各式知識的時代，但是該怎麼思考、該怎麼檢索才能夠獲得幸福，則是我們每個人都應該儘早習得的技巧。

zannen

12 八卦型

生態

將所見所聞化為謠言傳播出去。能夠快速察覺他人的言行變化，擅加揣測後當成事實到處放送，但是卻不願意對自己說出口的話負責，總是推給「聽別人說的」，即使造成他人的損失也會假裝不知。

棲息地

茶水間、吸菸室、辦公室、LINE、Slack

天敵

自戀型

常見行為

「我跟你說，聽說〇〇先生剛才××了喔！」
「那個人好像要升遷了。」

八卦型人類對公司內部動向與個人隱私瞭若指掌，不僅積極打聽各式各樣的情報，還擅自把事情傳出去。有時會頂著「促進公司內部資訊流通與活絡氣氛」的名義，放著工作不管，沉浸於講八卦的樂趣當中。即使對謠言當事人造成負面影響，例如損及名聲或是導致部門異動等，仍然毫不在意，絲毫不打算對自己造成的結果負責任。

八卦型人類熱衷於資訊蒐集，對他人的細微變化或言行相當敏感。他們會牢牢記住別人說過的每一句

話，但是卻會在不知不覺間摻雜自己個人的推測，或是單憑狀況與當下證據自行揣測後傳播出去。八卦型人類往往有群聚的習性，與同類交換資訊時情緒會漲到最高點，所以很難注意到自己論點的缺失與錯誤。假使他人指出八卦型人類的錯誤，他們也會不當一回事：「咦？我有說過這種話嗎？是你記錯了吧。」一回過神時，又已經盯上截然不同的人，大談對方的八卦了。遇到新話題就立刻熱烈地迎頭追上，新鮮感一過又馬上冷卻的八卦型人類，有時甚至對話題當事人一點興趣也沒有。

解讀生態

英國人類學家、進化生物學家羅賓．鄧巴（Robin Dunbar）曾調查過人們的日常對話，發現其中有七成都是人際關係的八卦。鄧巴認為人類聚在一起聊八卦，效果就如同黑猩猩互相理毛。黑猩猩會透過理毛，確立個體之間的友好與上下關係，人類則是透過聊八卦來結交夥伴。

黑猩猩互相理毛是一對一的行為，人類聊八卦則多半為四人左右組成一個小圈圈，因此鄧巴認為正是「聊八卦」讓人類組成了規模比黑猩猩大上數倍的合作團隊。由此可知，「聊八卦」

本身的功能或許極其重要，甚至可以說是人性的根源吧。

既然八卦型人類能夠承擔如此重要的工作，理應受到重視才對，但是不少企業通常將其視為麻煩人物。這是因為職場已經有既定的規則，早已決定好上下關係與同事關係，不需要再藉由其他行為加以確認。最重要的是，八卦型人類只是為了聊八卦而聊八卦，因此內容不外乎他人的失敗事蹟、壞話或者戀愛（尤其是外遇）等話題。

在社會輿論聚焦於權勢騷擾與性騷擾問題的現今，企業比以往更加重視公司內部的秩序，因此自然也會提防八卦型人類散播不正確的資訊。

如果你是八卦型人類的話

興致勃勃把「獨家八卦」告訴朋友，朋友卻疑惑表示：「這不是我告訴你的嗎？」各位是否有過這樣的經驗呢？如果有的話，請立刻努力脫離八卦型人類的行列吧。

人類很容易忘記消息源頭，只記得消息的內容。即使是源自於週刊等不可靠的管道，一段時間後就很容易忘記出處，與來源可靠的資訊混雜在一起。此外，人也傾向為了讓話題聽起來更有趣、更吸引他人注意，會不由自主地誇大事蹟或是加油添醋。雖然旁邊的聽眾乍看之下聽得津津有味，但是對方內心其實都想著「又來了」，或是帶著半信半疑的態度。

傳播不正確的資訊會釀成問題，所以像記者一樣「驗證真偽」是很重要的。盡力調查真相後所說出的話不會辜負這份努力，想必也能讓友人對自己刮目相看。

和八卦型人類和睦相處的方法

有些人會利用八卦型人類打擊競爭對手（嫉妒型人類，110頁），只要以「不能告訴別人喔」的說詞，悄悄將競爭對手的不利傳聞透露給八卦型人類，沒幾天就會在職場中傳播開來。但是只有需要時才利用八卦型人類，這麼做實在太不講道義了。

所以建議將職場打造成八卦型人類難以作怪的環境。缺乏對話的職場會供給八卦型人類養分，所以多花點巧思，打造出能夠暢談各種話題的場所與時段吧。

雖然有點粗暴，但還是有方法可以挫挫八卦型人類的銳氣，那就是刻意放出事後能夠清楚判斷錯誤的假消息。例如告訴八卦型人類：「我聽一位在宮內廳（日本負責皇宮事務的機構）上班的朋友說，再來的新年號好像是〇〇。」對方想必會洋洋得意地四處宣傳吧？結果等新年號發布後才知道是錯誤消息時就會非常傻眼。如此一來，即使是八卦型人類，肯定也會自我反省：「隨意散布沒什麼根據的消息很不妙。」

從現代社會的角度思考

近年的社群網站面臨著假消息四處流竄的問題，無法在職場活躍的八卦型人類，肯定會透過推特等各種網路管道發揮本領吧？八卦型人類喜歡聊別人還不知道的新消息，但是在現代這個高度情報的社會中，幾乎所有資料都查得到。因此符合八卦型人類需求的新消息，通常會偏向根據薄弱且煽動不安的類型。

如果是藝人的外遇情報倒還好，倘若是災害資訊或犯罪調查資訊方面的假消息，可就攸關人命與基本人權。因此社群網站也必須儘早制定對策以排除八卦型人類。

可是相對地，八卦型人類在職場上其實仍具有促進交流的重要功能，所以請務必讓他們發揮這一部分的長才。

zannen

13 病態型

一起燃燒生命
全力衝刺吧!!!
一切都是為了客人
奮鬥
奮鬥

生態

打著「客人至上」的旗幟，表現出自我犧牲或是不畏挑戰的言行，但是只有一開始狀況最好而已。實際執行的過程卻會推給別人，甚至不顧他人情況，強迫周遭人協助自己完成目標。

棲息地

Facebook、徵人網頁、Wantedly、知名一流企業

天敵

強調共感型

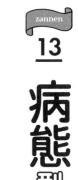

常見行為

「我們會為顧客卯足全力！或許有人認為這種作法不合潮流，但我可是全天候全力以赴。坦白說公司不需要無法做到這地步的人（笑）。我們公司的員工也隨時必須回覆信件。」

病態型人類會像這樣略帶高壓的態度，即使身處提倡企業內部遵循規範、改革勞動方式的社會，仍毫不在意，總是發下豪語：「用體力與毅力撐過去！」

「這個時代〇〇已經結束了，接下來將是〇〇的時代了！」

不少病態型人類會以網紅或創業者的身分，透過媒體意氣風發地發布這些宣傳語句。他們外表光鮮亮麗，似乎為世界帶來了新氣象，乍看就像時代的寵兒，瞬間就能夠吸引眾人追隨。

但是，這類人的魅力僅存在於表面，如果迎著勢頭就算了，要是逆風向就只會要求周遭人即使精疲力盡也要配合自己，讓人意識到他們實際上掌控不了整個局面，只能想到什麼就做什麼，失敗就叫部下出面收拾殘局。

病態型人類容易吸引知名企業的延攬，但是他們的戰績卻是由旁人的忍耐與配合所立下，實際上是團隊合作中的頭痛人物。於是他們往往在期許中踏進新公司，沒做幾個月就辭職不幹。儘管如此，卻仍有新的邀約接踵而至，轉眼間又在外資企業表現出一副大展身手的模樣……。

解讀生態

造就病態型人類如此特質的關鍵因素，正是同理心的欠缺。這裡所謂的「欠缺」是指他們雖然能夠「明白」他人的感受，卻很難「感同身受」。一部分宅宅型人類（58頁）會出現的自閉症類群障礙，雖然能夠對他人「感同身受」，卻難以「明白」感受到的情緒，兩者正好互呈對比。有些病態型人類會利用這種特質施展結婚詐欺，因為外表迷人，且背叛他人也感受不到對方的痛苦，這兩種特質都令他們非常適合從事結婚詐欺。

從企圖操控他人這一點來看，病態型人類與自戀型人類（137頁）相仿。但是病態型人類沒有自戀型人類那麼以自我為中心，他們對自己內心的感覺，就如同無法同理他人一樣淡漠。正因如此，他們才能夠勇於挑戰一般人覺得危險的困難任務。

有許多病態型人類在青少年時期經歷諸多苦惱，往往因為言行蠻橫或是造成他人困擾而被當成問題兒童。青少年時期的他們，肯定完全無法理解道德方面的情操教育，哪怕費盡苦心教導他們「己所不欲，勿施於人」，他們其實根本搞不清楚什麼才算是「己所不欲」。這種以「同理心」為前提的教育，絲毫打動不了病態型人類。他們適合的是從「理性應對」出發的教育，具體來說就是「當別人表露不悅時，即使你不排斥這種事情，也不可以去做」這類方式。

如果你是病態型人類的話

能夠在社會上長袖善舞的病態型人類，想必是積累人生經驗，逐漸學會理性應對的方法吧？但是或許病態型人類的內心，早已疲於壓抑內心的衝動。如果你有這樣的傾向，不妨找個明白且理解這份特質的人尋求建議吧。

病態型人類整體的情感運作能力偏弱，所以必須全力運用理性，努力表現出符合社會規範的適當言行。舉例來說，放任好奇心驅使而不斷挑戰新事物當然是件好事，但是畢竟也伴隨失敗的風險，因此請先想好失敗時該怎麼應對吧。光憑自己想不出來時，就找找看有沒有部下或成員能夠協助釐清自己的思緒吧。

除此之外，也請明白社會中所有的團體，都是由成員互助合作的方式才得以成立。人們為他人辦事，自然會期望回報（里長伯型人類，50頁），但是病態型人類無法正確推測出對方渴望的回報，所以不擅長給予適當的報酬。不去搞清楚對方的需求而沒有給予適當報酬時，自然會嚇跑有才幹的部下。

病態型人類即使看到虐待貓狗的場面也毫不在乎，有時一部分人甚至會成為幫兇。對於同理心極強的人（強調共感型人類，66頁）來說這可是非常恐怖的行為。當病態型人類的言行透露出殘酷或衝動的一面時，不僅具備高度同理心的人會避而遠之，他們的名聲也會隨之敗壞。儘管病態型人類並不在意名聲的好壞，但是仍應該驅動理性，避免自己的言行受到殘酷或衝動的一面主宰。

也就是說，病態型人類想要與社會和平共處，下列步驟就非常重要。

① 尋找理解自己的人，並與對方保持良好關係

② 進一步改善與周遭的關係

請務必理性思考，透過深思熟慮，跨越難關。

和病態型人類和睦相處的方法

病態型人類對職場來說利用價值其實相當高，因為病態型人類能夠不畏危險、果敢挑戰。失敗對他們來說不痛不癢，所以不容易躊躇，辦事雷厲風行。從這個角度來看，他們堪稱職場中的最佳楷模。他們表面上能夠維持良好的人際關係，很適合領導新事業開發等專案小組。

但是他們不適合從事一步一腳印的工作，很難與他人密切合作。因此當他們加入必須透過縝密合作以解決問題的團隊時，往往無法發揮應有的實力。總而言之，想徹底發揮病態型人類的能力，最理想的方法就是為其配置軍師型成員，且該成員也必須理解病態型人類的本性，視情況還可給付軍師更高的薪水。病態型人類不太在乎公平問題，所以比較不會有嫉妒（110頁）的問題。

假若你的部下為病態型人類時，不要求他顧及他人心情才是正解。只要為病態行部下設定業績目標，要求對方理性行事即可。說好不好，說壞不壞，畢竟病態型人類是結果至上主義，因此即使他們有時會躲在一旁摸魚，也請放棄挑他們毛病吧。

另外，當你發現病態型部下與其他成員之間「似乎要出問題」的時候，不妨想出一個能夠將病態型人類視為例外處理的應對方案。畢竟一種米養百樣人，也務必事前說服成員，團隊規則必須因人而異的作法。

迷人的病態型人類很容易引發公司內部感情糾紛，他們可能毫不在乎地腳踏兩條船甚至是三條船，或是在約會前夕才突然喊停等，進而產生不好的名聲。這時不妨向八卦型人類（88頁）透露病態型人類的作風，利用他們把消息傳開，讓周遭人有所提防。事實上，對病態型人類來說，廣泛理解自己本性的職場反而更加舒適。

從現代社會的角度思考

人類本來就活在互助合作的團體生活中，無法適應團體的病態型人類就無法倖存，因此就成了社會中的少數派。這種基因之所以沒有完全消失的理由，就是因為自古以來，每逢人類遭逢「因飢荒而不得不遷徙移居」特殊狀況中，病態型人類能夠發揮莫大功能所致。

病態型領導人物能夠不畏危險，率領人們開闢新天地。對於容易被不安吞沒的人們來說，病態型人類儼然是「勇氣的象徵」，自然會追隨並自願被他們所領導。

現代社會變化劇烈，商業現場上也出現愈來愈多不能直接沿用傳統作法的情況，甚至失敗後仍必須面臨源源不絕來自全新領域的挑戰。從這個角度來看，適合病態型人類大展身手的舞台確實逐年大幅增加。現今企業對病態型人類的需求量提升，使得這類學生的求職成功案例數扶搖直上。然而企業是否真懂得妥善運用病態型人才，這點仍有待商榷。

對一般人來說，病態型人類特異獨行，但是其實適合他們的身分也包括創業者、律師、外科醫師、警察等職業。相信只要大眾能夠廣泛了解病態型人類的本質，他們也會懂得適度妥協。

zannen

14 拖延型

生態

無法立即處理課題或問題，經常以無法專注或疲勞為藉口，導致手邊待辦事項堆積如山，等問題浮上檯面時才趕在截止前完成。缺乏長遠的目光，總是被眼前的事情追著跑。會羨慕總是按部就班順利執行工作的人。

棲息地

辦公室

天敵

易怒型

常見行為

「啊～完蛋了！」辦公桌的另一端傳來了慘叫聲，以及物品接連掉落的聲響。顯然是辦公桌上堆積如山的文件，如雪崩般層層崩落了。「明天再做吧！」「我再想想看。」拖延型人類總是找藉口把文件都丟在一起的結果，就是時不時會發生辦公桌山崩。他們不會在發現課題或問題的當下馬上著手處理，總是過度相信自己「總會處理完的」，而放任自己把工作堆在手邊。

「這下不做不行了～」
「這下得發揮本事了！奮鬥！」

拖延型人類經常像這樣大聲做出宣告，乍看狀況絕佳，實際上卻遲遲不肯動工。「我沒辦法集中精神」、「還有其他事情要忙」，儘管他們振振有詞地說著這些理由，卻又很會把握時間滑手機或是上網東看西看。有些人甚至長年下來習得趕在最後一秒完成交辦工作的技能。

光是眼前的問題就忙得抽不開手，當然無法放眼未來，打造長期的目標。可看到同事或前輩腳踏實地往上晉升時，他們又很容易感到憤恨……。

「如果當時我也這麼做的話……」
「我的運氣太差了。」
「我也想變成那樣。」

儘管心知肚明，卻不願意努力做出具體行動。旁人如果當面指出這個缺點，拖延型人類就會反駁：「我知道！」「我正要做！」甚至可能開始自暴自棄起來。

解讀生態

拖延型人類無法有計畫地做事，只要對當下應做的工作缺乏幹勁，就會想拖到明天、後天。

這是因為相較於未來的報酬，他們更重視當下的享樂。

事實上，有拖延症的人都具備一個共通點，那就是幾乎所有人都苦惱著自己的拖延症，彼此間的差異只有拖延程度而已。

不過，假若我們從史前時代的生存環境來看，即可清楚明白拖延症的原因。當時的人類生活在嚴苛的環境，遑論一年，甚至連一個月後的事情都無法預測。食物會在日照下快速腐壞，大雨則可能導致洪水，再怎麼努力預測未來，都可能發生超乎預料的意外。

這個時代的人類即使制定好計畫並確實付諸努力，也面臨著可能得不到報酬的巨大風險，所以養成了僅能思考短期報酬的習性。相較於按部就班地實踐計畫，著眼於現在能夠獲得的報酬，自然比較有努力的意欲。

但是，現代的「將來不確定感」已經比史前時代降低許多，所以更重視將來的報酬也無妨。可惜對抗人類與生俱來的習性——拖延，並不是一件容易的事情。

如果你是拖延型人類的話

拖延型人類通常擁有下列任一項或是多項問題。

①不認為自己能夠獲得報酬
②當下有更吸引人的誘惑
③計畫本身就過於勉強

①不認為自己能夠獲得報酬

這是最關鍵的問題。當人們面臨「無法在截止期限前完成，下場就完蛋了」的絕境時，通常無法達成的可能性也較高，因此可預期的未來並不是「報酬」而是「懲罰」（就算完工也沒任何好處）。如此自然會引發「未來昏暗無光，不如及時享樂」的心理，進而變成拖延型。

想預防拖延症，關鍵在於能否具體想像出未來的報酬。假若未來的報酬不明確時，就自己設定一個，例如給確實完成的自己獎勵。請各位牢記，可明確想像出的報酬才有助於增加幹勁。

②當下有更吸引人的誘惑

時間管理能有效對抗這個問題，也就是分成「現在享樂的時間」與「為未來投資的時間」。一般來說，前者是快樂時光，後者是痛苦時光，所以自然會想增加前者的比重。當你面臨這樣的抉擇時，請為自己設定「一天投資兩個小時」等規則，並且嚴格遵循，像是總忍不住敗給手機的誘惑時，可選定兩個小時將手機鎖在箱子。總之為自己想好適合的時間管理方法吧。

③ 計畫本身就過於勉強

這時就必須重新分配行程。一般常見的「離截止日還有十天，所以把工作分成十等分，每天做一份」的作法就顯得不夠完善。如果是很熟悉的工作內容倒還無妨，沒那麼熟悉的話，還必須額外花時間去理解熟悉，如此一來，第一天就很難如期完成進度，令人感到氣餒。

假設離截止日還有十天，就將工作分成十等分，第一、二天做十分之一，第三、四天做十分之二，第五、六天做十分之三，第七、八天做十分之四，最後兩天用來預防身體不適等突發狀況。只要前面進展順利，工作效率也會提升，整份工作自然會順利許多。如果前四天只進行約三成而覺得慌張時，請告訴自己：「準備所需的時間占七成，所以等於已經完成一半以上。」

此外，另一個要注意的問題是工作本身已經超出能力的可能性。趕不上截止時間的原因，在於工作難度超出自己能力的情況也很常見。遇到這種情況時，人們往往會想為自己找藉口：「不是我的能力不足，只是我生性愛拖延而已。」（理由伯型人類，14頁）但是看清自己的能力有限、不隨便接下工作的態度，也是脫離拖延型人格的智慧之一。

和拖延型人類和睦相處的方法

幫助拖延型人類適應職場的方法，其實相當得多。

如果你是拖延型人類的主管時，自然能夠依據最終成果與實際過程提出適當的報酬。只要明確告知最終成果的報酬，甚至在途中安排一定的報酬時，拖延型人類就不會再拖延，傾注於工作的幹勁也會提高許多。像是「考過工作相關的證照，公司就會發獎金」也是個好方法；但是提供過多的報酬，他們就不容易主動追求成長，因此務必謹慎。

如果你是拖延型人類的同事，就請聽聽他們的改善計畫吧。一旦他們將改善計畫告訴同事，自然會萌生必須依計畫行事的責任感，有助於提高遵守計畫的可能性。此外，你平常若能勤加與拖延型人類確認「是否有按計畫進行呢？」也很有效果。

如前所述，拖延型人類的拖延症有時是源自於「能力不足以順利完成工作」，所以仔細觀察他們的狀況，安排符合能力的工作也是一個方法。

從現代社會的角度思考

高度成長時代的日本企業，原則上採終身僱用制，所以企業內部的培訓機制相當完善，只要員工遵循公司規劃有條不紊地學習，自然能培養出工作所需的實力。可是現代社會的勞動力流動化，讓企業內部培訓的力道減弱許多。企業方會擔心好不容易培訓好的員工跳槽，所以現在也傾向僱用已經有一定經驗的人才。

如此一來，員工就必須自行判斷有助於未來升遷的知識與技能，為了遙遠未來的利益加以學習，然而這正是拖延型人類所不擅長的事情。

所以請儘早克服拖延症，避免成為拖延型人類吧。

zannen

15 嫉妒型

生態

謹慎留意周遭人的言行與工作狀態，不遺餘力地尋找能報告主管的事情。以確保公平性為由，用盡生命在打小報告。擅長將自己的言行正當化，並以理論武裝自己，卻輕易放過個人的過失或努力不足。乍看為組織著想，實際上只想著自己。

棲息地

匿名留言板、Slack、考核面談

天敵

唯利是圖型
外遇型

常見行為

「那個人看起來是自己拿到合約，實際上都靠別人幫忙。」

「他暗地裡做了這些事情喔。」

「不覺得很奇怪嗎？」

嫉妒型人類會像這樣，不請自來地針對某個人事物提供意見，企圖引導他人的評價與觀感。他們通常是公司或組織內部的情報王，總是牢記誰在什麼地方做了什麼事情，並會挑個適當時機向高層或主管告密。

嫉妒型人類對於與他人的地位、境遇差異，往往比尋常人還要敏感，總是頂著「維護整體組織的考核與制度正當性」的名義行事，但是有時就像是單純在找碴，或是找錯地方抱怨。「像你這樣還真是爽啊。」嫉妒型人類會盯上與自己待遇不同的人，有時甚至會口不擇言地酸人。儘管嫉妒型人類並不打算表現出來，但從話語中卻能嗅出他們內心深處其實是對自己的待遇感到不滿。可是如果旁人指出這一點的話……

「我是為了大家好才講的。」
「大家背地裡都是這麼想。」

他們不會承認自己的情緒與嫉妒。有些嫉妒型人類為以社會情勢分析、國家論與心理學等理論武裝自己，程度嚴重者還會對公眾知名人物感到嫉妒，每當透過網路等管道看見對方相關的報導或討論時，還會留下交織著妄想的批判留言。

大家都是
背地裡在做
業務都能偷懶，
還真好命啊！
從心理學的
角度來說
喀噠
喀噠
喀噠
喀噠
喀噠
喀噠
喀噠

解讀生態

本屬於自己的利益卻落在夥伴頭上，會產生為了追求公平而企圖糾正的情緒，而這正是嫉妒的原型。但是嫉妒型人類卻會將這份嫉妒用在不合時宜的地方。舉例來說，得知尚未交出成果的競爭對手加薪時，向主管提出「我也要加薪，不然就請把那傢伙的薪水調降回來」的員工，就屬於典型的嫉妒型人類。

追根究柢，「透過團隊合作所獲得的成果，必須公平分配給成員」是天經地義且政治正確的主張。人類在狩獵採集時代組成小團體互助合作的時代，就已經學會了名為「嫉妒」的情感。畢竟那是個沒有金錢、也缺乏食物保存智慧的遠古時代，狩獵成功的人會將獵物分給大家，這次平白獲得食物的某人下次成功時也會拿出來與大家分享，當時的人們就是透過如此互助合作的模式避免挨餓致死。因此可推測出這個時代已經出現「公平」與「恩義」的概念了。

但是，現代社會已然缺少產生這些情緒的部分前提。無論是社區或職場等社會各種不同形式的集團組織，已經不再像古代一樣講求「生死與共」了。

舉例來說，參加活動抽獎時，親眼看到排在前面的人抽到頭獎「環球旅遊」，畢竟差一點就可以輪到自己了，所以會因為「錯失的利益」而產生嫉妒。如果抽中頭獎的是熟人，「嫉妒」就能帶來效益，或許能夠引來對方發出「一起去吧」的邀請。但如果是陌生人的話，再怎麼嫉妒都沒有效益。

也就是說，嫉妒型人類即使身處毫無「嫉妒」用武之地的境況，仍會按照古代生活環境所衍生的習性，產生嫉妒的情緒。

如果你是嫉妒型人類的話

各位嫉妒型人類，請體認到今昔的環境變化，努力養成抑制嫉妒情緒的習慣吧。「利益一旦進到他人手裡，就拿不回來了。」請試著放下如此執著，調整心態，著眼於下一次的利益吧。

如果你有競爭對手且感到嫉妒的話，試著和對方「分道揚鑣」吧。和競爭對手走在同一條路時特別容易產生嫉妒的情緒，所以請從自己的身上找到對方所缺乏的特點，依此走出自己的路。等到哪一天，看到競爭對手風生水起還能夠一笑置之時，就代表你已經脫離嫉妒型性格了。你的競爭對手肯定也很有能力，所以在工作上互助合作應該遠比競爭好吧？

和嫉妒型人類和睦相處的方法

「嫉妒」通常會在團體分配利益時發生。具體來說，關鍵問題在於要「平均分配」還是「依貢獻比例分配」。各位或許認為依貢獻比例分配較好，但這其實就是誘發嫉妒的元兇。人類通常會放大自己對團體的貢獻，所以當審核結果偏低時就容易感到不滿。

從這個角度來看，就能感受到平均分配報酬的優點。這是美國的新創公司在創業時經常使用的方法，當組織事業成功時，所有成員都能平均共享利益，所以在成功之前，每個人都會努力做出相應的貢獻（commitment）。然而其中也蘊含著「沒辦法跟上大家腳步（無法做出同等貢獻）的人，就必須離去」的共識。

不過，換作是日本企業一律採用報酬平均分配的方法，不難想見將來會衍生出「搭便車」的現象。組織內部肯定會出現對團隊毫無貢獻，卻死皮賴臉留下來一起拿報酬的人。但是這個問題其實是源自於制度本身，由於日本企業習慣從高層的角度綜觀整體狀況，指派專案團隊的成員，所以難以排除對團隊毫無貢獻的人。由此可知，組織還是必須在顧及嫉妒型人類的同時，摸索出適度的報酬比例較好。

這邊談個題外話，完成工作後所獲得的利益，盡可能全部分配給所有成員，或是乾脆用於企業投資會比較好。企業內部保留一定的利益時，恐會對員工的互助合作產生負面影響。一旦企業內部為了爭奪資金而彼此競爭時，一旦面臨必須一起爭取新利益的關鍵時刻，員工就無法同心協力了。

從現代社會的角度思考

現代的資本主義社會，正面臨著不同階層間收入與資產出現巨大落差的貧富差距。畢竟資本主義的本質是「資本帶來利益」，本身就擁有擴大貧富差距的性質。這種差距會造成嫉妒型人類的增加，進而引發社會暴動或是成為社會不穩定的元兇，是不可輕忽的問題。

順利賺到錢的人，都會將貧富差距正當化，侃侃而談「收入是單憑個人的努力與能力」對吧？但是從另一個角度來看，這只是因為自己「運氣好」，剛好擁有符合現今社會所需的能力或資本罷了。

因此，我認為社會應儘早引進財富重新分配的機制，扳正過度的貧富差距。相關論點請參照唯利是圖型人類（35頁）的部分。

zannen

16

酸民型

生態

對他人言行採否定態度，但也說不出建設性的意見或主張。面對積極有幹勁的人會特別冷淡，缺乏上進心與幹勁。嘴上說得好像要追求幸福，實際上對任何事物都反應淡薄。

棲息地

Twitter、網路論壇

天敵

高調型
里長伯型

常見行為

「這種作法真的好嗎？」

酸民型人類會以看熱鬧的態度，冷笑嘲諷他人的工作職務或活動。相較於帶著熱情參與話題，他們更傾向於保持距離酸言酸語。但是他們提出的見解並非個人的主張或建議，單純只是在否定他人而已，所以往往會阻礙組織工作的進展。只要團隊中有一個這樣的人就會相當麻煩，如果這個人還是主管的話，很容易造成整體士氣的低落。

雖然酸民型人類老是出口干涉其他人的想法，自己卻缺乏幹勁與上進心，傾向維持現狀，不思進取。儘管酸民型人類也希望「過得比現在更好」、「不想像那個人一樣」，卻不肯為此付出任何努力，反而致力於自我辯護或假裝自己看破紅塵俗世，嘴上說著：「人世間就是如此。」然而這並不代表他們真的有什麼深刻的體悟，單純是為自己只出一張嘴的行為找藉口罷了。

雖然酸民型人類對政治或社會活動毫無興趣，卻很喜歡觀察高調型人類（第6頁）。酸民型人類也有群聚的習性，因此一群酸民型人類聚在一起大談高調型人類的壞話、互相取暖的場景也隨處可見。

解讀生態

酸民型人類的特徵是幸福感的喪失。幸福感是種很特別的情緒，能夠促進人類做出有助於生存的行為。在日常食物來源容易不足的史前時代，捕獲獵物、發現果實、幸運獲得食物等都能夠帶來幸福感。光是想著「這一帶好像捕得到獵物」、「這些果實好像快熟了」等能夠消除憂慮的事情，幸福感就會翩然而至。

擁有幸福感最重要的影響，就是感受具有「提升」生活價值的功能，但卻無法一直持續。

衣食充足的現代社會，已經發展到相當成熟的程度，不必過於擔心生存的問題。這或許是現代人明明能夠一直維持幸福的狀態，但是幸福感本身具備無法持續的性質，所以很容易陷入淡漠狀態，普遍覺得「明明很幸福，卻感受不到幸福」。因為現在狀態尚可，自然不會有動力追求更好的環境，所以才會陷入缺乏幹勁與熱情的狀態，感覺「不管做什麼都徒勞無功」。

因此容易成為酸民型人類的典型範例，就是實現高度營業目標並獲得公司表揚的成員。實現了一直以來努力的目標後，就會像獲得奧運金牌的運動選手一樣頓失目標。不將目光轉向更高的目標就無法獲得幸福感，但是可以預期將面臨更嚴苛的挑戰，活力不禁一瀉千里。這種現象又稱為「倦怠」（burnout）。

如果你是酸民型人類的話

人體內分泌的血清素與催產素等激素能夠產生幸福感，但是酸民型人類的腦中較少這類荷爾蒙，所以想辦法刺激這類荷爾蒙分泌是一大關鍵。甚至極端一點地說，暫時性的不幸就是一種方法。

例如在工作方面，就應盡量請主管提供較困難的工作，情況許可的話，「失敗也是正常的」工作最為恰當。先讓自己體驗過走投無路的困境，後續即使只是普通的工作也能夠輕易感受到幸福。萬一真的成功完成這份困難的工作，就會因為自己「明顯成長」，而讓內心充滿了更上一層樓的幸福感。

至於私生活方面，這邊就以戀愛為例吧。在感情上重重跌過一跤後，回歸正常生活時就能夠更加容光煥發。

另外還有一個方法，就是在能力範圍之內盡可能地助人。獲得他人感謝有助於引發正向情緒的荷爾蒙分泌，若是你想像力夠豐富的話，光是想像自己做的事情「獲得他人的感謝」就能夠帶來極佳的效果。但是很有可能因此變成「里長伯型人類」（50頁），所以要注意適可而止。

此外，適度的運動也能夠有效促進荷爾蒙分泌，所以不妨找找看有沒有能夠兼顧樂趣、可以持之以恆的運動吧。

和酸民型人類和睦相處的方法

為酸民型人類安排職場或工作變化，增加工作上的刺激是一個很好的方法。日本企業會藉由頻繁的人事異動打破這種停滯感，可是必須特別留意對於刺激的敏感程度因人而異。舉例來說，有自閉症傾向的人（宅宅型，58頁）不擅長溝通，即使乍看猶如酸民型人類，卻並非真正的酸民型人類。他們對於刺激相當敏感，不擅長應付環境的變動，假若連他們也一起頻繁調動的話，可能會因為脫離了好不容易打造的舒適圈而造成反效果。

最尋常的策略，就是為倦怠的員工安排性質各異且極富魅力的目標，並讓周遭人出手協助。看到酸民型人類似乎身體不舒服時，建議他們請假並非上策。只要他們認為「公司少了自己也如常運作」的話，就會愈來愈感受不到工作的成就感，所以不妨改建議酸民型人類休假時調查新領域或學習新知。

對幸福感的感受程度同樣因人而異。好意帶酸民型人類參加歡樂的活動，對方卻表現得興趣缺缺時，可能會連帶使周遭人一起消沉（怕生型，145頁）。所以不妨建議他們加入興趣相近的團體，慢慢為其打造較易容感受到幸福的環境吧。

如果你留意到酸民型人類喃喃說著「想死」這類話語時，這或許是相當危險的訊號，請務必尋求專家協助。有些人產生尋死的念頭，是為了追求他人的認可（高調型，第6頁），所以請多費點心思觀察是哪一種情形吧。

從現代社會的角度思考

經濟發展到一定程度，自殺率卻居高不下的原因之一，或許就出在「失範」（anomie）。失範是社會學的用語，意指與欲望相關的社會無規範狀態。失範造成自殺的事態，就顯示了自由造就精神不安定的傾向。

我們基本上對「依循欲望，自由生存」的社會抱持肯定，但是有時仍會懷疑現代人是否過度追求欲望了呢？不如說，由社會做出限制，提升滿足欲望的難度，如此一來，克服困難後才能夠獲得至高無上的幸福感。以前的日本就會在祭典期間舉辦名為「無禮講」的宴會，允許人們在宴會上做出平常禁止的失禮行為。

看似無意義的規範或紀律雖然令人煎熬，但是有時試著引進，或許能夠從中感受到箇中智慧。但是引進時建議設定在一定範圍或程度內即可，只要能讓人們的心靈能達到放鬆與緊張的起伏即可。

zannen

17 牆頭草型

生態

缺乏主見，很快就順從他人或掌權者的意見。會積極參與討論，乍看很有見地，但仔細觀察會發現他們只是依據當下情勢見風轉舵，而非基於自己的判斷發表意見。他們會靈巧地順應當下最適合的話題，一眨眼就忘掉自己說過的話。

棲息地

會議室、Slack

天敵

八卦型

常見行為

「我也這麼認為。」

「確實現在其他公司的主流也是○○呢。」

「我本來覺得○○先生的提案最好……」

牆頭草型人類會在開會或是討論時，肯定他人的意見或方向。既然認同的話，想必能夠順利取得共識吧？但是仔細一聽才發現，牆頭草型人類只是單純贊同似乎容易取得共識或是掌權者的意見而已。他們重視的不是意見本身的好壞，而在於發言者是誰。牆頭草型人類不僅對公司內部風向很敏感，就算不是自己負責的領域，也會留意權力握在誰的手中。他們開會時不愛發言，在茶水間裡倒是喋喋不休。

他們所提供的意見乍看合理無害，實際上毫無內容可言。換句話說，即使將會議的起始主張與結論對調，他們也會毫不猶豫地贊成大家取得共識的結果，即使這項結果與他們原本的意見相反也無妨。

要求他們發表意見時，他們會表現得猶如尊重他人想法或是維護氣氛和諧的態度，使盡全力避免站在話題的風頭上。牆頭草型人類會刻意親近當權者或關鍵人物，致力於成為對方倚重的人物，藉此獲得依靠。

解讀生態

牆頭草型人類採取的策略往往偏向保守，習慣在隸屬組織中隨波逐流。這種策略乍看妥當卻不能輕忽。當組織運作順暢時，這種作法當然安全，但卻很容易跟不上組織的變化。

人類是構築互助關係的生物，既然有負責領導的人（下馬威型，166頁），自然也會有想追隨他人的人，如此一來才能形成規模適中的團體，並且持續穩定地運作。而牆頭草型人類自然就是想追隨他人的類型。

當我們觀察野外的狼群，會發現儘管牠們無法透過「語言」下達命令或指示，每匹狼卻能明確區別彼此「追趕」與「埋伏」的責任，展現出有條有理的團隊合作模式。大多數的狼都會遵從命令，安分地完成自己的工作。從自然界中狼群的生態可以看出，追隨者多於領導者的團隊運作起來確實會比較順利。

有些人期待他人的追隨，有些人則渴望他人的領導——這是人類互助合作時必需的要素，而兩種不同類型的人也各自在生物演化的過程中，將這樣的基因流傳給後代。從狼群的例子來看，或許大多數的人類也比較渴望追隨他人的領導吧。儘管如此，實際性格特徵偏向領導者還是追隨者，不僅因人而異，也會受到職場的環境影響。當頭上有個能力高超的主管時，自然會想靠近對方以獲得庇蔭。

順道一提，總是受到他人擺布，沒有實際領導他人的體驗時，有些人會逐漸感到憤恨。而虐待狂（施虐者＝S）就是為了消除這份不滿，才會開發出SM這種訴求支配與臣服的行為。至於總是必須下達命令，鮮少受到支配的人則會化身為被虐狂（受虐者＝M），與前者形成雙贏的關係。人類所衍生出的人際文化，背後其實都蘊含著重要的功能。

如果你是牆頭草型人類的話

牆頭草型人類會反覆表現出全盤接納他人意見的態度，所以養成了「節約腦力」的習慣，平常會盡量不去思考，然而這卻是相當危險的行為。如果大家都輕易追隨目光短淺的主管，可能會導致公司日後面臨營運危機。

同樣地，牆頭草型人類也很容易慘遭宗教團體洗腦。他們一旦接受了教祖的花言巧語就會深信不疑，即使對方表現出反社會行為，仍然一味追隨（妄想型人類，180頁）。

想要戒掉「節約腦力的習慣」，第一步就是提問。主管提出指示時，請試著詢問背後的想法吧。假若不好向主管開口，不妨就先從同事著手。

習慣提問後，未來提問前就會主動思考，並將自己的想法拿來與公司大多數人的想法加以比較，發現兩者不同時就向主管或同事討教吧。如此一來，遲早能夠擺脫牆頭草型性格，所以在實現之前也請勤加準備吧。

和牆頭草型人類和睦相處的方法

這裡試著從主管或經營者的立場來思考。

牆頭草型人類儘管是相當好用的部下，但是以長遠的目光來看，他們容易造成職場活力低落。前面已經介紹過自己是牆頭草型人類時的應對方法，不過事實上職場環境愈穩定，對現狀感到滿足的社員就會愈多，也更難跟上社會的變化。

許多企業在為員工安排進修時，會選擇有助於培養廣度思考的主題，以便因應社會的快速變遷。但是透過實戰經驗拓寬的思想，會遠比依附在他人身邊還要更有利於員工的成長。以具體作法而論，建議將牆頭草型人類調到負責開發新事業等專案小組，累積相關經驗吧。

此外，安穩的營運乍看很理想，卻會衍生牆頭草型人類增加的問題。所以一旦獲得穩定收益，以此為基礎進一步挑戰才是聰明的作法。挑戰肯定有成功也有失敗吧？即使結果只是收支打平，對公司內部仍有相當大的助益。因為雖然成功經驗會使員工成長，但是失敗帶來的學習機會仍是相對更多。

從現代社會的角度思考

日本人很擅長團體行動，可以推測出其中藏有許多牆頭草型人類。總是觀望風向的官僚作風向來為人詬病，而牆頭草型人類太多或許就是背後其中一個癥結點。

日本經常用「團結一致」當作團隊的標語。目標明確時，成員們團結一致展開挑戰才有效率，但是在變化劇烈的現今社會中，每個人都必須學著自行摸索目標。在這樣的情況下，個人必須不受環境影響，反覆進行兼具廣度與深度的獨立思考。

牆頭草型人類總是伸長天線，敏銳地留意職場內部的風向，像是「誰欣賞我？」「誰和誰特別親近？」他們這種為求生存所耗費的時間與工夫，就很適合用來學習「分析型思考」，預測社會變化與隨之而來的人類行為變動。

有多少人能夠跳脫牆頭草型性格，成為足以引領他人的存在，或許這將會是社會未來的發展關鍵。

zannen

18 雜亂無章型

生態

無法管理好自己的物品，辦公桌周遭堆滿了雜物。缺乏整理能力就算了，還有囤物癖，連明顯該丟掉的物品都留著。找東西時會要求他人幫忙，甚至向他人借用。非常擅長把大家都拖下水。

棲息地

辦公室

天敵

易怒型

常見行為

雜亂無章型人類，會不時走到同事的辦公桌前，詢問：「你有看到我的剪刀嗎？」或是每次找東西時就邊問著：「有人看到○○嗎？」往雜亂無章型人類的位置一瞧，會發現桌面早已經亂得無可救藥。雜亂無章型人類的桌上總是堆滿雜物，拿到什麼就先塞進抽屜或資料夾，卻始終不願意利用空閒時間丟掉或重新檢視。有時甚至會聽到他們喃喃自語：「我想想……這張桌上有份資料，好像一週前就該交了……」

雜亂無章型人類總是很快就決定問人，放棄自己尋找，因此找東西時通常會揚聲詢問，有造成辦公室騷動的傾向。其中甚至有些人會將弄丟東西的責任推到他人頭上，要求別人負起連帶責任或是幫忙尋找。向人借來的東西不是沒有還，就是當成自己的東西在用。

因此，雜亂無章型人類桌上到處都是向別人借來的文具用品，該交的資料往往拖到最後一刻，有時不再三催促的話甚至不肯主動交出。一旦少了人事部、總務部或相關部門的提醒，就無法正常交出工作。但是當事人有時卻無法察覺到自己的問題，會懶洋洋地維持現在的生活型態，繼續依賴別人的協助。

解讀生態

雜亂無章型的人無法整頓好身邊事物的原因，在於「現在整理所伴隨的麻煩」超過了「未來的方便性」。他們「無法想像充足的未來利益」這一點特性，與拖延型（102頁）極為相似。

如同拖延型性格源自史前人類一樣，雜亂無章型同樣息息相關。史前時代的人類經常遷移，不會長時間定居，沒有整頓居住環境的習慣。既然過去沒有，現在自然不容易迸出「亂糟糟真討厭」的想法。

現代生活往往使用到各種形形色色的工具，因此透過適度的整理，讓工具隨時都能夠派上用場，這才是理想的工作環境。但是這種生活型態，其實是直到近幾年才登場，因此無論是誰都必須透過積極的教育，才能夠養成整理的習慣。然而雜亂無章型人類的問題就在於，一般人稍微經過學習就能懂得一定程度的整理，可是他們卻遲遲未能掌握這項技能。

如果你是雜亂無章型人類的話

雜亂無章型人類無法好好整理的要因，就是沒決定收納場所。無論家中衣服或生活用品，還是職場文具或文件，都請試著回想是否為這些物品安排好固定位置，以便在未使用時擺放。沒有事前決定好位置，當然沒辦法整理。隨便找個地方丟著，下次要用就會找不到。請先為繁雜的物品找到歸屬，整頓出充足的收納空間；發覺收納空間不足時，請先想辦法挪出新的空間，接著決定好斷捨離的規則。雜亂無章型人類的囤物癖高於一般人，結果往往陷入——

捨不得丟↓收納空間不足↓到處堆滿雜物

——這樣的惡性循環。

這邊就介紹一個解決方案吧。首先，請為尚無歸屬的物品準備一個紙箱，並在紙箱外標明收納的物品與收納的日期。接著，安排固定的整理時間（例如每週一次，一次兩個小時等），從紙箱取出這些物品後，努力找到收納的位置。有時也必須適度捨棄持有的物品對吧？斷捨離需要決心，所以不妨先將找不到歸屬的物品放回箱中，並決定好一定的期限（例如半年）。如果一直到期限日當天物品還留在箱中，就代表「這個不夠重要」，這時就果斷丟棄吧。

其他還有很多方法，總而言之，最重要的就是調整觀念，將整理所耗費的時間想成是「對未來的投資」，如此一來就成了有意義的時間了。

和雜亂無章型人類和睦相處的方法

雜亂無章型人類對職場環境造成困擾時，解決方法其實很簡單，那就是安排整理辦公環境的時間。假若雜亂無章型人類是你的同事時，不妨一一指出散亂的物品，詢問對方：「這裡是合適的收納場所嗎？」「你是不是還沒決定好這項物品要收在哪裡呢？」大部分的雜亂無章型人類都屬於後者，所以請陪他一起找到適當的收納場所吧。

如果使用物品後沒有歸位，必須幫助他們養成習慣。例如在下班前提醒對方「用完後有歸位嗎？」並加以引導。有時他們會辯解：「我正在使用，先收起來工作會亂掉。」雖說大部分都是藉口，但還是要提供相應的建議，像是準備「使用中物品專用箱」，或貼上顯眼的標籤紙。

從現代社會的角度思考

在現代這個高度資訊的社會，連「整理」這個家務都逐漸委外處理了。曾經在家中隨處可見的CD或DVD逐漸消失，只要訂閱影音串流服務，需要時就可以隨時閱聽；家具與衣物同樣可以視需求購買，不需要時再透過二手通路賣掉即可。此外，現在也有租賃服務，也就是「不必持有任何物品」的生活型態。實現這種生活型態後，物流服務可以說是分擔了一部分的「整理」工作。也就是說，一旦收納場所不足時，只要透過物流把物品送到他處即可。

從「物品量逐漸減少」這個角度來看，現代逐漸演變成對雜亂無章型人類來說更容易生存的環境了。但是這種生活型態難以滿足惜物與持有物品的欲望，或許仍無法讓雜亂無章型人類感到滿意。

除此之外，當購買新品的費用低於重複使用的效益時，將會助長用過即丟的消費文化，如此一來就與「經由環保打造得以永續經營的社會」的全球趨勢背道而馳，因此捨棄「惜物」這種簡單的生活型態，終究稱不上是件好事。

zannen

19 自戀型

生態

一開口就是想推動讚美或是提高自己評價的話題，人人都聽得出來他們說這些話就是為了博得好評。旁人的回應不如預期時，心情就會明顯變差，甚至會開始自暴自棄；順利獲得稱讚時，則會假裝自己客觀又冷靜。

棲息地

化妝室、Instagram、Facebook

天敵

嫉妒型
下馬威型

常見行為

「我昨天參加聯誼，同時有兩個人過來搭話喔。」

「我走在路上，常常會遇到其他人忽然回頭看我。」

「我的肌膚年齡才二十歲而已。」

自戀型人類會在酒會或午餐時間大談這類話題，也會若無其事地參與備受矚目的專案，或是加入看起來很風光的團隊，並且四處宣揚自己的功勞。

「多虧我推了一把，這件專案才能夠定案。」

「我提供的點子最受好評。」

如果周遭聽眾沒有贊同或誇獎自己，自戀型人類就會難以接受並流露出不滿意的表情，接著開始巧妙地引導談話走向，展開能夠輕易獲得稱讚的話題。在他人如預期般稱讚自己之前，他們會不厭其煩地持續迂迴的自我讚賞，讓旁人不得不順著話語稱讚自戀型人類，才終於能夠結束這回合。

自戀型人類為了獲得讚揚，往往會利用部下或同事，有時甚至會說出瞧不起他人的發言。當其他人大出風頭，奪走自己的鎂光燈時，自戀型人類會明顯表現出不滿，接著想辦法把話題引導至稱讚自己的方向，有時甚至會害本應獲得表揚的主角被晾在旁邊。

當他們的自尊心成功獲得滿足時，就會興高采烈地在社群網站上發布「能夠受到大家祝賀真是太棒了！一起進公司的你們果然是最棒的」等動態。自戀型人類唯有在獲得理想評價時才會溫柔待人，或是表現出合作的態度。

解讀生態

自戀型人類擁有高度的自我中心傾向。自戀的英文

「narcissism」源自希臘神話中的美少年納西瑟斯（Narcissus），他看見自己倒映在水面上的容貌後，就深深迷戀上了自己，故而衍生出「自戀」這個詞彙。

一般向大眾提出「與整個社會的平均值相比，認為自己的能力屬於哪個等級呢？」的問題時，應該有七成左右的人會回答「平均以上」，但是自戀型人類自我肯定的程度超乎常人，所以容易釀成問題。

自戀型人類會致力於打造出讓大家公認自己很優秀的環境，甚至不惜操控他人以求達到目的。可是，真正有能力的人是為了成為「有能力的人」而努力，並不是追求「讓別人覺得自己有能力」，因此像這種情況並不在自戀型人類的範疇內。相反地，明明能力沒有那麼優秀，卻希望他人認為自己很能幹時，就會變成自戀型人類。

尤其是隱約感受到自己「並不優秀」卻試圖隱瞞時，就會成為重度的自戀型人類。有些重度自戀型人類會透過輕蔑地位低於自己的人（下馬威型，166頁），以此展現出自己的優越感，或者是若無其事地向他人炫耀著以謊言粉飾過的事蹟。即使他人指出邏輯不通的地方，自戀型人類也不肯輕易認錯。這是因為他們認為自己主觀認知的世界，遠比客觀事實來得更加重要。

此外，自戀型人類也會將他人視為「襯托自己的工具」。從不顧他人心情，試圖操控他人這一點來看與病態型（94頁）相仿，但是自戀型人類首重「自我保護」，倘若遇到危及自己地位的競爭對手時，他們反而會退縮，轉而投身他處，不斷追求其他能夠確認自己很優秀的環境。

如果你是自戀型人類的話

自戀型人類的可能成因是源自「孩提時期的不安」，而且這種不安一直到成年後依然存在。孩童身邊少了成年人的協助就無法生存，可以說是親眼見證自己有多麼無能為力的殘酷時期。因此必須想像自己很有能力，才能夠消除這種根本的不安。但是只要有成年人從旁輔導，就不必太在意自己的無能為力。由此可以推測，自戀型人類在孩提時期可能並沒能獲得周遭充足的幫助。

此外，即使孩提時期必須幻想自己有能力來度日，長大成人後自然不必再緊擁這份想像。能夠自力更生，懂得正確評斷自己的能力，一個人反而比較易於在社會上生存。然而自戀型人類長大成人後，仍受到無意義的幻想影響，從這點來看，可以說他們正是「維繫幻想」的達人。

不過，利用這份幻想，正是脫離自戀型性格的捷徑。只要把幻想內容從「沒有能力就無法生存」轉變成「不必那麼有能力也可以生存」即可。幻想理應能夠輕易改變，所以將其改成較貼近現實的版本，肯定能夠讓生活更輕鬆。

如果你是自戀型人類的話，請明白自己對「有能力」的標準太高了。世界上那麼有能力的人並不多，大多數人只是朝著「期望變得有能力」的理想前進。即使還沒實現理想，人類依然能確實生存，所以請多思考更實際的生存之道。

和自戀型人類和睦相處的方法

和自戀型人類談戀愛時，被利用的可能性很大。對自戀型人類來說，或許你只是用來展現出「自己受到許多人喜愛」的表演道具，所以及早放棄比較實在。

倘若你放不下這份感情，還是有條「荊棘路」可以走，那就是幫助對方擺脫自戀型性格。但並不是要求對方認清「自己沒有那麼優秀」的現實，而是幫助對方明白「沒必要那麼優秀」。太早期望對方認清現實時，自戀型人類只會拒絕接受，這份感情自然會產生裂痕。

相反地，持續詢問自戀型人類「不優秀會怎麼樣？」就是個不錯的方法。舉例來說，即使業績稍微低於平均值，也頂多和大部分的員工一樣而已。此外，也要試著為自戀型人類找到比業績更重要的目標，例如「先成為深受客戶喜愛的人如何呢？」陪對方一起理性思考，或許就能夠引導出「人生不必那麼優秀，也能夠船到橋頭自然直」的結論吧？只要自戀型人類的幻想世界也能夠明顯認知到「不必那麼優秀」，逐漸就有多餘的心力認清現實了吧。

自戀型人類很容易成為職場問題的根源，他們認為自己比其他成員更加優秀，總是會將團隊的成果當成自己的功勞。如果主管聽信他們的說詞，就會破壞整個組織的合作關係，造成不妙的結果。

自戀型人類自認為很有能力，總是毫無根據地貶低他人；他們也經常用「雖然不能說……」作為對話的起手式，散播現實沒發生過的謠言。此外，自戀型人類還會煽動職場對立，藉此提升自己的地位。

對抗這種自戀型人類時，整個職場必須團結一致，檢視他們說出的每一個訊息。只要職場上每個人都能夠做到，自戀型人類很快就會露出馬腳。只要能成功揭穿自戀型人類的謊言，就能夠以此為藉口，將他們調到適合獨立作業的單位。

當你在職場上遇到自戀型人類時，不要想著改變他們會比較好。即使自認為是為他們著想，但是自戀型人類是無法理解的，甚至可能因此慘遭利用或淪為攻擊對象。假若你真的打算做點什麼的話，建議還是交給專家比較好。

從現代社會的角度思考

自戀型人類的性格究竟是與生俱來的遺傳特質？還是出生後經歷種種遭遇下所養成的呢？答案是「介於兩者之間」。擁有某種遺傳特質的人，遇到特別的成長環境時，就容易成為自戀型人類。

傳統社會往往會由多位家人或親戚，甚至是整個區域的左鄰右舍一起照顧孩子。但是現今社會逐漸朝向核心家庭發展，由多位大人共同看顧小孩的狀況變少，甚至有家長會放任孩子自生自滅，甚至施加虐待。生長於這種環境下的孩子，很容易為了自我防衛而形成自戀性格。

想要減少造成自戀型人類的特殊環境，就應該打造出完善的社會福利制度，讓家人以外的成年人也參與對孩子的照料。全球的先進國家正逐漸邁向高齡化社會，這裡就可以看出老年人的重要性了，或許第一步就是先從養老設施與幼稚園合而為一開始。

zannen

20 怕生型

生態

傾向逃避與陌生人的交流以及站在人前的場面，協調性極佳且擅長看人臉色，也很懂得如何逃脫受人矚目的情況。待在熟悉的團體中能夠表現出幽默有才氣的一面，不過外人卻很難一睹這樣的面貌。

棲息地

公司內部進修、懇親會、派對

天敵

病態型

常見行為

「啊，我不需要，先讓給其他人吧。」

「你先請。」

「請讓我負責提案與企劃工作！」

怕生型人類很擅長融入團體，卻也會避免站在人前。他們害怕成為目光的焦點，總是仔細觀察環境並努力表現得低調。「我只是很擅長融入人群與解讀狀況而已。」怕生型人類會在內心將自己的行為合理化，無論什麼事情都會試圖獨自完成，也非常抗拒受到矚目。其中有些人還會努力成為團隊領導人物底下的第三號人物。

怕生型人類絕對不是難相處的人，但是當他們參加新進員工交流會等必須與許多陌生人碰面的場合時，基本上都會安靜地躲在牆角邊喝飲料，有時回過神時還會發現他們已經悄悄地中途離場。當怕生型人類不得不與陌生人見面時，通常會沉默再沉默；如果是能夠滑手機的場合，他們就會卯起來用手機撐過這段時間。

然而當他們與熟悉的人們待在一起時，就會搖身一變，成為愛開玩笑、會大聲喧鬧的人，有時信手拈來就是有趣的笑話。可是他們神采奕奕且積極的一面，僅限定於面對親近的人們，如果是不熟悉的團體，氣勢就會馬上弱下來了。

解讀生態

對狩獵採集時代自給自足的聚落來說，陌生的外來者通常都來搶地盤的敵人。但是進入文明時代後，跨團體的同盟關係因應而生，人們開始重視陌生人，將對方視為「未來的合作對象」。也就是說，我們已經透過文明教育，克服了天生對陌生人的警戒心，轉而採取互相合作的態度。

可是怕生型人類在這方面的進化程度不足，所以會將陌生人視為「敵人」，並加以警戒。

當他們沐浴在眾多陌生人的視線之中時，怕生型人類會侷促不安、態度委靡，這都是因為他們害怕被攻擊而努力想躲藏所致。如果他們對其中大多數人都很熟悉的話，就不會釀成內心的不安了。克服舞台恐懼症的方法之一，就是將觀眾當成南瓜，實際上也確實如此，畢竟沒有觀眾，當然就不必感到恐懼了。

怕生型人類自認為弱小，總是希望熟悉的人們保護自己，希望從陌生人面前迅速逃離。這是人類為求生存的基本傾向，絕對不是這種個性有問題。但是這股天生的衝動如果維持到成年都還過度運作的話，往往就會造成不便，甚至還會讓他人無法得知自己真正的實力，反而變成一種缺點。所以建議怕生型人類還是想辦法習慣陌生人的存在，藉此克服怕生的性格。

如果你是怕生型人類的話

想要擺脫怕生的性格，就必須解除對陌生人的警戒心，方法之一就是想像幽靈的存在。幽靈可以說是「陌生人」的典型範例。我們會害怕幽靈，多半源自於幽靈的未知性。舉例來說，如果出現的幽靈是深愛的外婆，那麼懷念之情就會戰勝恐懼。

所以請試著想像幽靈，並捫心自問恐懼的來源。想像不出來的人，不妨利用網路上氾濫的靈異照片。只要持續盯著靈異照片，過程中就會發現恐懼感逐漸下降，這是因為幽靈在你腦袋的認知中逐漸從「未知」轉變成「熟悉」所致。網路虛構的幽靈與靈異照片不會實際攻擊自己，因此只要持續進行下去，就能夠實際體會到陌生的事物其實沒有想像中那麼危險。

下一個階段，就是強迫自己面對眾多視線，努力習慣這樣的狀況。簡單來說，就是站在簡報或活動等的舞台上。造成人們不敢踏上舞台的心魔，往往是「失敗」。人們誤以為「失敗會有損自己的立場」，因此有恐懼失敗的傾向。當人類還只是弱小動物的時候，弱小的個體容易率先成為其他動物的獵物，所以「對失敗的恐懼」可以說是遠古時代留下的遺物。然而我們也要謹記「失敗為成功之母」，體驗過失敗，遠比什麼都不做還要好。即使在眾目睽睽下失敗，也不會有人因此攻擊自己，所以請透過訓練，克服怕生的性格吧。

和怕生型人類和睦相處的方法

當怕生型人類希望他人幫助自己改善性格時，就為他們安排能夠熟悉他人視線的場面吧。其中一個方法就是話劇練習。首先請怕生型人類扮演某個角色，再請周遭的人多方鼓勵吧。畢竟是話劇，所以即使表演過程不太順利，失敗所帶來的「氣餒」想必也會比較小吧。

怕生型人類其實不會對周遭造成什麼負面影響，以職場來說，只要知道誰不敢負責簡報，就將這份工作交代給別人即可。當事人對此沒有意見，理應不會對周遭造成問題。

不如說，怕生型人類的存在其實對職場是有益的。他們很在意他人的視線，所以通常也會嚴守職場規則。舉例來說，辦公室設有咖啡機與自助投錢箱，每喝一杯就要自行繳出三十元。但是只要沒有人盯著，難免就會有為了省下小錢而假裝忘記的人出現。這時只要在牆上張貼一張海報，上面有個眼神銳利的人，就能夠減少這種貪小便宜的行為發生。而對視線很敏感的怕生型人類，自然會率先表現出符合道德的行為，成為其他人的模範。

從現代社會的角度思考

心理學家傑西．貝林（Jesse Bering）曾針對兒童進行「愛麗絲公主研究」，解開宗教的心理機制。他製造了幾個讓孩子能夠搗蛋的機會，確認在正常情況下，孩子們確實會搗蛋。但是只要告訴調皮搗蛋的孩子：「有位叫作愛麗絲公主的精靈正看著你們喔。」就能大幅減少孩子們搗蛋的次數。

每個團體都有必須遵守的規則，但是只要沒有人監視，就難免會出現破壞規則的人。可是只要感受到他人的視線無處不在，就能有效避免規則遭破壞。宗教正是利用這樣的人性傾向，藉由「神在看著你」等戒律限制人類的行為。在法治社會不夠完善的時代，宗教在提高人們道德性這一點上其實有著巨大的貢獻。

即使是現代社會，怕生型人類的存在仍有助於整個社會的團結；不如該說，社會上完全沒有怕生型人類，恐怕才會導致問題吧。

zannen

21 杞人憂天型

生態

抗壓性低，容易從事物中發現不安要素，習慣從身旁的少許徵兆加以預測或推測，具備卓越的先見之明。但也因為滿腦子擔憂，無法規劃出充分的對策，結果常常沒辦法發揮潛能。

棲息地

洗手間、茶水間、
吸菸室、樓梯間

天敵

易怒型
病態型

常見行為

「唔唔唔……」洗手間、茶水間或吸菸室傳出了奇怪的聲響，正想著「難道是長年怨恨公司的員工鬼魂……？」仔細一聽，才發現是人類發出的聲音，而且似乎是剛才一起開會過的人？耐心地等對方出來時上前搭話關心，才知道剛才的會議似乎對這個人造成很大的壓力。問得愈多，對方臉上就顯露出愈多擔憂。

「部長說不定是這樣想的……」

「如果我那時有表示〇〇就好了，對吧？」

「如果不順利的話該怎麼辦？」

杞人憂天型人類的內心，充滿了不安的種子。或許是他們對他人的反應太過敏感所致，當他們面臨職場上五花八門的壓力時，容易做出過度解讀或是錯誤的推測。

這種努力想達成目標的處事態度當然很好，但是過重的壓力反而會對工作產生阻礙。再加上杞人憂天型人類會將他人的問題或煩惱視為自己的問題，結果開始擔心方圓五百里內的大事小事，養成鑽牛角尖的習慣。杞人憂天型人類往往會在還搞不清楚他人的問題詳情時就一肩擔起，卻對這樣的性格毫無自覺，而且放任擔憂情緒不斷高漲。由於他們總是沉浸在各式問題之中，所以永遠會表現出好像在害怕某事的模樣。

杞人憂天型人類不懂得報復或是逃跑，所以往往會負責壓力最大的職位或工作。杞人憂天型人類其實藏著令人意外的一面——他們的自尊心很高，也抱持著崇高的理想，卻不擅長為了實現目標而調整計畫。他們同時也不擅長向他人求助或是抱怨，因此不少人儘管滿心幹勁，最後這份幹勁卻只能無疾而終。

解讀生態

杞人憂天型人類總是抱持著各式擔憂，長年處於高壓狀態。雖說適度的壓力有助於刺激生活、強化幹勁，但是壓力持續期間過長只會導致身心失衡。

杞人憂天型人類滿心的不安，其實就是「慢性恐懼」。陷入恐懼的人類會透過戰鬥、逃跑或躲藏等行為閃避危險，也會為這些行為提前做出準備——進入心跳加速、手冒冷汗等生理狀態。但是恐懼通常是暫時性的，譬如趕跑蛇或熊之後，恐懼就會消失，逐漸恢復平常心。但是即使恐懼的來源消失了，不安仍會持續存在，導致生理上的「準備工作」長時間持續運轉。

舉例來說，公司裡有位討人厭的主管，每天進到公司後都會不停碎唸，但杞人憂天型人類為了生計著想，不能做出戰鬥、逃跑或躲藏等閃避危險的行為，不得不繼續與主管往來。即使下班回家，一想到隔天還得再見到主管，不安的情緒就會高漲，讓自己長期處於不安的狀態，導致身體持續分泌名為「皮質醇」的荷爾蒙，引發憂鬱症、失眠、神經細胞的破壞等問題。

杞人憂天型人類尚未完全適應現代社會。現代社會與未開化社會不同，被主管罵其實不會有生命危險。尤其日本企業會經常性的人事異動，所以只要適度敷衍對方，彼此遲早會因為調職而分開。有些員工會受到恐懼驅使而努力工作，所以也有主管刻意用「怒氣」來操控部下。

如果你是杞人憂天型人類的話

想擺脫杞人憂天型性格時，首先移除不安來源會相當有效。也就是避免前往似乎會引發焦慮不安的場所。如果是職場環境惡劣時，不妨與同事一起試著改善。雖說換工作也是不錯的方法，但是新公司也有可能發生相同的問題。畢竟杞人憂天型人類有很高的可能性，是本身就對恐懼相當敏感（強調共感型，66頁）。

第二個方法，是降低對恐懼的敏感度。其中最受矚目的方法，即是傳統的瑜伽冥想與坐禪。當恐懼等情緒湧現時，不要執著，藉由這些方法「Let it go」。透過訓練有意識地抑制不安，這種方法在現代又稱為「正念」（Mindfulness），已經有醫療機構開始實踐並加以運用。

第三個方法是分散注意力。人類感到恐懼時會分泌亢奮物質腎上腺素，這時不妨採取其他同樣會造成心理亢奮的行為，整體亢奮情緒便會在行為結束後鎮靜下來，不安也就跟著消失。有助於消除不安的行為當中最有效的就是「運動」。本身對運動有興趣的人，只要每週安排一兩次運動就足以消除不安。但是討厭運動的人採取這種方法時，可能會基於義務反而產生壓力。

其他消除不安的方法，還包括培養嗜好、透過電影或文學發洩情緒等。刻意使情緒亢奮的行為能夠有效消除不安，所以也可以去遊樂園體驗鬼屋或是雲霄飛車。照理說想要消除不安，應該要避開恐懼源才是，這裡建議各位「體驗恐懼」或許聽起來很奇怪，但是只要透過劇烈的恐懼，實際經歷過「恐懼根源消失後，恐懼自然會消失」的體驗，不安自然會跟著離去。

和杞人憂天型人類和睦相處的方法

杞人憂天型員工對企業來說恐怕不是件好事，所以人事等相關部門必須定期傾聽員工的聲音，斬斷導致不安的因素。主管的怒火（易怒型，42頁）、職場規定的業績標準、不夠適才適所的工作安排等，都可能間接養成杞人憂天型員工。仔細分析職場的現況，理應能夠找出多種因應方法，像是提供健身房的免費使用券、定期舉辦員工運動會等，都會有不錯的成效。

假若你是杞人憂天型的同事，首先請尊重他們對恐懼的敏感。每個人對恐懼的敏感度不同，恐懼的對象也包含怕高、怕黑、怕蛇等各種形式，無論哪種都會啟動「迴避危險」的心理。能夠敏感查知並閃避危險有助於生存，從這個角度來看，杞人憂天其實是相當優秀的特質。

懂得尊重他們的優點後，請陪對方一起戰勝恐懼。可因應的方案相當多元，包括居間協調可能造成不安的狀況、邀請對方觀賞運動賽事或參與休閒活動。依對方狀況找出適當的解法。

從現代社會的角度思考

恐懼與不安其實有助於我們下決定。像是制定旅行計畫時，類似「這麼大手筆，事後恐怕不妙」的不安有助於儘早刪除不合適的方案。相反地，喪失恐懼感的人反而難以做出決定，由此可判斷出人類的恐懼感其實能夠在下定決心做決定的場合派上用場。

儘管如此，在安全大幅提高的現代社會，恐懼的必要性已經少了許多，過多的不安帶來的只有滿滿的副作用。如今的社會，反而是不容易感受恐懼的病態型人類（94頁）容易活躍。

杞人憂天型與易怒型（42頁）、後悔型（80頁）、嫉妒型（110頁）等在遠古生活主要產生作用的情緒，隨著人類歷史進展都已經逐漸失去了原本的用途，可以說是弊大於利。現在已經是必須學著避免放大負面情緒的時代了。

zannen

22 雙面人型

生態

會在網路與隸屬社群分別表現出不同面貌。經常依場合決定自己表現出的性格，甚至看起來與現實生活的人格完全相反，儘管本人毫不在意，但是有時周遭人會覺得煩躁。

棲息地

Twitter、Instagram、私人部落格、同好社團

天敵

里長伯型

常見行為

「透過自我進修，帶來暴風式成長！」
「日本的人權意識比外國低太多了。」
「最重要的是重視部下的心意。」

聽到對方有社群網站的帳號，試著檢索了一下，發現對方整天都發布這些漂亮言論……，可是與在職場上露出的面貌卻是截然不同。儘管如此，他們與高調型人類（6頁）刻意自我修飾的態度不太一樣，有時客觀來看完全沒打算展現出「迷人能幹的一面」。看來似乎是使用該帳號時限定的人格或是風格，而且會來按讚的人，也多半與那樣的特質有關。

「咦？他是這種人嗎……」以對方在社群網站或是特定群體裡表現出的特質為前提，在現實生活中與對方往來時，卻獲得極其冷淡的回應。網路上那股熱情與氣勢究竟跑到哪裡去了呢？顯然對方是會依社群或帳號表現出不同的樣貌，這種表裡不一的感覺令人難以接受，相處時總不禁煩躁起來……。然而這也不是什麼明顯違規或問題行為，實在不好出言干涉。

解讀生態

雙面人型人類，周遭的人常常批評他們「沒有原則」；進一步來說，他們並不堅持「表現出一致性的內心」。

人類會對這種態度變化多端的行為產生反感，這是因為人自史前時代就過著團隊分工的生活，依成員的特性決定任務的分配。如果成員表現出的特性具一貫性，自然能夠放心地將特定任務交派給對方，人們也會認同這個人隸屬於團體。這也是現代常說「不能因為對象不同就改變態度」的典故由來。

但是，我們每個人多少都會視情況端出適當的面貌，例如和朋友放肆玩鬧時，只要看見心儀的異性出現，就會刻意表現得成熟穩重。但是對同在現場的朋友來說，因為親眼見證截然不同的兩個樣貌，就會搞不清楚「哪一個才是真正的性格」進而感到混亂（這

在社會心理學稱為「多重觀眾問題」）。一般人為了避免使周遭人混亂，通常會留心避免產生過大的落差，而雙面人型人類就是在這一點上思慮不周。

雙面人型人類不在乎這種作法難以博得眾人認同，從這一點來看與高調型人類完全相反。

如果你是雙面人型人類的話

對周遭人來說，雙面人型人類的性格「飄忽不定」，帶來的往往只有困擾。如果對自己沒有負面影響的話，不如坦率主張「我的個性就是這麼奇特」。

現代社會擁有多樣化的社群，無論什麼樣的人都可以找到發揮自己才能的場所。平常嚴肅難相處、行事低調的會計，參加有興趣的聚會時，往往會成為大而化之的溫厚領導人物。將「同一個人面對不同狀況時會展現出迥異的性格」視為理所當然的時代，遲早會來臨吧？

但是，如果你本身也對這種人格的落差感到煩惱時，就應特別留意，因為這很有可能是思覺失調症或解離性身分疾患（也就是多重人格）造成的。尤其當你發現體內存在著與自己完全不同的其他人格，或是有幻聽、幻覺的現象時，就應儘早向身心科求助。

不過，產生幻覺不代表人生就此完蛋。普林斯頓大學的數學家約翰．奈許（John Forbes Nash Jr.）就罹患了思覺失調症，他在接受治療的同時持續研究，結果以賽局理論的研究於一九九四年榮獲諾貝爾經濟學獎。電影《美麗境界》（二〇〇一年，美國）就刻畫了他憑藉理性控管幻覺的生活樣態。因此抱持相關問題的人，只要確實接受治療，仍然可以繼續探索各式各樣的可能性。

和雙面人型人類和睦相處的方法

發現雙面人型人類時，建議先接受他們的特質，告訴自己：「他們只是以自己的方式，應付不同的狀況而已。」絕對不可以強求對方做出「一致性」的表現。不如該說，強硬提出要求反而會使對方更堅守自己的作風，所以請別對雙面人型人類過度施壓吧。人類是很複雜的，有時候「變了個人似地」也無妨，不是嗎？

但是，如果在公司很有分寸，私底下卻在網路爆料公司祕辛的話，就不應該放任這種行徑了。這時不必要求對方「做出一致性的表現」，只要用「洩漏公司內部消息違反員工行為規範」

警告對方，就能見效了。

從現代社會的角度思考

中國古代曾經圍繞著人類的本性，展開了性善論與性惡論的論戰；到了現代，則以「人類兼具兩者」的說法最具說服力。也就是說，我們的行為是善還是惡，其實取決於環境條件，甚至善惡本身的界線都相當模糊。很多時候在公司內部的「好事」，對外部社會來說其實是「壞事」。

探討多重人格的小說《化身博士》（*The Strange Case of Dr Jekyll and Mr Hyde*，一八八六年，英國小說家羅伯特．路易斯．史蒂文森著），描繪了極端的雙面人型人物。故事中善良的傑奇博士體內，藏著人稱海德先生的惡人，但是現實生活中的人格不像故事這般有著明顯的優劣之分。乍看是「壞事」，實際上卻對社會很有意義的事情，在現代社會屢見不鮮。

治療多重人格時，會試著將所有人格整合至看起來不錯的人格裡。也就是說，在傑奇博士＆海德先生的治療中，會想辦法讓海德先生不再出現。那麼什麼樣的人格，才稱得上是「看起來不錯的人格」呢？

舉例來說，伶俐且懂得附和的人格，就比對著特定領域鑽牛角尖的人格更容易被選中。招募人才時的面試也是如此。關於對著特定領域鑽牛角尖的人格，則於宅宅型人類（58頁）的篇幅有進一步討論。

話說回來，現代社會有形形色色的人共存，採用如此單一的選擇標準真的好嗎？對此敲響警鐘的是英國驚悚片《盜貼人生》（*The Double*，二〇一三年），這部片從被消除的人格視角，展開了一連串驚悚的劇情（這個事實直到最後一幕才揭露），備受好評，請各位務必觀賞。

每個人的內心都潛藏著多樣化的心理活動，外表所展現出的只是其中一小部分而已。你之所以能夠打從心底「做出一致性的表現」，或許是因為你很幸福，想做的事情、能做的事情、期望的環境與大多數人吻合，所以才不需要將剩下的面貌拿到檯面上罷了。

zannen

23 下馬威型

生態

會在他人受到稱讚時，炫耀自己的長處，表現出自己優於對方。經常指出他人不足的地方，藉此降低對方的評價。自己的名聲無法順利提高時，往往會露骨地炫耀或開戰。

棲息地

Facebook、會議室、吸菸室、休息室

天敵

下馬威型

常見行為

「○○先生是名門大學畢業的對吧？不過我也是啦。」

「其實○○也沒什麼了不起的，我也讀過所以非常清楚。」

下馬威型人類在職場上看到其他同事被稱讚時，就會用這種方式開始自吹自擂。他們的特徵是乍看之下只是順著別人的話聊天，實際上卻是若無其事地將話題中心引導向方便自己炫耀的方向。雖然不會展現出露骨的敵意，卻會不遺餘力地宣示「自己比話題中的人物更優越」。他們不會認同他人的想法或是主動提供協助，只會使盡全力吸引他人關注。如果沒有獲得預期的好評，他們的心情就會變差，或是開始酸言酸語。當下馬威型人類擔任主管時，有時還會向部下尋求精神上的慰藉。當他人請求下馬威型人類幫忙時，他們會不甘願地碎碎唸；可是看到別人失敗，就會幸災樂禍地到處宣揚。

此外，有些下馬威型人類不會刻意主張自己比較優越，而是藉由否定他人的行為，企圖打壓對方。

「你這麼做沒什麼意義吧？」
「我聽說這沒什麼了不起。」

他們會透過這類言論，試圖將對方從現在的位置拉下來。即使他們佯裝客觀，實際上只是憑藉狹隘的知識，在情緒驅使下做出這番言論，因此儘管當事人試圖隱瞞，隱藏其中的惡意仍表露無遺。

解讀生態

下馬威型人類採取的戰略是透過支配他人提升自己的地位，對權位的野心有如黑猩猩一樣。

黑猩猩社會是以老大為頂點的階級制度，地位較高的個體有權優先獲得食物與配偶的選擇權，服從上級的命令更是基本規則。這種社會結構幫助黑猩猩在外敵入侵時得以迅速反擊，有效解決了許多必須儘早應對的場面。然而群體內經常上演爭權奪利的戲碼，為了奪得老大之位

陷入激烈的戰鬥，造成有能力的個體死亡等莫大的損失。

必須迅速做出各種決定的企業，也引進了相同的階級制度，因此就有了部長、課長等職位之分。雖然職場不需要透過打架來決定地位，但是時不時會為了升遷而互相試探優劣關係或是示威，對此格外積極的人就是所謂的下馬威型人類。

人們往往以為圍繞著升遷上演的鬥爭，理應是高階職位比較容易發生，但是事實上，相同的狀況也會發生在底層階級，而這時要決定的即是「墊底的人」。位於階級最末端的黑猩猩，只能仰賴其他同伴的關照，因此糧食不足時就會第一個餓死。由此可知，在團體中墊底是非常危險的事。雖然人類社會不容易因此直接造成死亡，但是墊底所帶來的不安仍難以輕忽。

因此人類也會藉由找到比自己更低階的人類，尋求精神層面的安定。透過下馬威表現出自己比較高等，並且也獲得周遭人接受時，「自己沒有墊底」的安心感就會湧現。為了展現自己的優越地位而訴諸暴力時，就成了所謂的「霸凌」。

所以即使職場上必須區分階級，程度仍必須有所控制，才不會釀成嚴重的事態。

如果你是下馬威型人類的話

懷疑自己是下馬威型人類的話，就先捫心自問：「是否非常渴望升遷？是否對墊底感到恐懼？」舉例來說，升任部長或課長時待遇會變得很好，使同事人人都亟欲爭取時，自然會努力想要升遷。這種對升遷的欲望並非自己的問題，而是環境使然。如果員工的業績不好會遭到解雇的話，對墊底感到恐懼也是理所當然之事。沒有道理批評這些行為是「為了展現優越地位」。

但是明明沒有這些原因，卻仍渴望升遷或是對墊底感到恐懼時，很有可能是遠古時代那種如黑猩猩般的情感作祟。這時請努力要求自己盡量以讚賞代替批評，避免採取高高在上的態度。

有時自認為並不是高高在上，他人卻覺得自己是在下馬威。有時明明只是就商業上的需求進行辯論（好辯型，73頁），或是親切指導他人（里長伯型，50頁）卻被指責為「下馬威」時，請翻閱相應的單元檢視自己是否符合。

仔細思考後仍找不到問題所在時，就當作是指責自己的人過度反應即可，不必太過在意。

和下馬威型人類和睦相處的方法

如前所述，職場出現明顯的下馬威行徑時，往往是環境容易讓人表露出「高高在上的態度」。所以一旦察覺職場氛圍過度煽動競爭意識時，請試著推廣以合作代替競爭的運動吧。

另外，若是感覺自己無由來被他人下馬威，元凶可能是源自於自己的自卑感。每個人都有自己的強項與弱點，無法克服弱點時，只要向擅長該項目的人請教或是求助即可。請將自卑感轉換成學習的幹勁或協調的精神吧。

至於遭遇誇張的下馬威行為的人，則請對方改善態度至一定程度吧。但如果對方是宅宅型人類（58頁）的話，就很難期待他們主動察覺自己的不妥之處。宅宅型人類在展現自己的強項時是沒有惡意的，請理解「他就是這種個性」並維持適當的距離即可。

從現代社會的角度思考

平均來說，男性比較重視上下關係。這是因為狩獵時代的男性必須組隊獵捕，必須藉由上下關係整合隊伍成員，所以男性荷爾蒙才會產生作用，讓男性特別容易萌生這種意識。

即使進入文明社會，仍無法避免團體間的鬥爭或是商業競爭，同樣需要有人領軍，因此時至今日人類之間仍維持著高度的上下階層關係。重視上下關係的人（男性荷爾蒙較強的人），也有在職場中特別容易活躍的傾向，這也是許多領域的職場對女性不夠友善的原因之一。

然而，上下關係的意義在現今職場中愈來愈淡薄，今後也必須限縮其使用範疇，例如有助於團隊靈活做出決策的場合上，避免上位者坐擁過大的權力或利益。如此一來，自然能夠形成和樂融融的職場氛圍，讓不那麼重視上下關係的女性也能夠自在工作，想必也有助於促進女性踏入職場吧。

美國的職場生態鼓勵主管與部下之間建立直率的關係，因此會互相直呼名字。對他們來說，上下關係不過是增加工作效率的方法罷了。而下班後還必須對主管使用敬語，一起喝酒時必須為主管斟酒的日本文化，可以說是正妨礙著社會的進步。

zannen

24

孔雀型

生態

喜歡一眼就看得出品牌的名牌貨，並且自信滿滿地穿戴在身上。認為穿戴當紅品牌能夠彰顯身分，並且亟欲向同事們炫耀。同類相聚時會悄悄掀起戰爭，比拼起誰才是真正時尚大師。

棲息地

Instagram、wear

天敵

孔雀型

常見行為

「這是〇〇的限定品。」

「我買到現在最流行的〇〇了。」

「這是大明星〇〇最愛用的手表喔！」

孔雀型人類會穿戴一身名牌、昂首闊步踏進公司向同事炫耀。相較於低調優質的好東西，他們更喜歡一眼就能看出是名牌貨或是能夠輕易宣揚高級感的設計，經常穿戴有明顯品牌LOGO的托特包、手錶、腰帶、錢包等上班。「那是〇〇對吧？」「好羨慕！」聽到其他人如此表示時，就會在內心裡暗爽。

孔雀型人類會積極利用Instagram或wear等社群網站，順著一些小話題，開心地大談名牌商品的細節與獲得的過程。即使稍微不合時宜，孔雀型人類仍堅持貫徹自己的時尚風格與作法，令合作廠商留下深刻的印象，甚至引人不禁探問：「你賺很多喔？」如果團隊或部門中有多位孔雀型人類時，他們就會暗地裡較勁，購買名牌貨的頻率與價格也會持續上揚，以避免在攀比中敗下陣。遇到旗鼓相當的對手，他們會試圖牽制對方，互相爭奪「時尚大師」的地位。

解讀生態

孔雀型人類會藉由昂貴的服飾、鞋子、手錶或精品包等營造出上流階層的氣息，並企圖在眾人面前展現。儘管他們想藉此表現出「高人一等」的意念甚強，實際上別說高人一等了，甚至可能受到他人輕蔑。

炫耀物品以展現優越地位的行為，是猿人時代留下來習慣。雄性紅鹿會交戰以爭奪地盤，但只要其中一方擁有又大又漂亮的角，就能夠在避免戰鬥的情況下守住地盤。擁有階級制度的黑猩猩，在奪得老大的地位後會齜牙裂嘴威嚇競爭對手，這時牙齒

愈長、愈銳利，就愈有利於黑猩猩首領確保地位。位居上位的黑猩猩還能夠優先享用食物，因此便進化出愈來愈長的牙齒。

人類與黑猩猩擁有共同的祖先，但是在與黑猩猩分離、個別演化後沒有多久，就在非洲草原建立了彼此地位平等的互助聚落，不再需要以長牙威嚇他人，所以虎牙便開始退化變短。儘管如此，人類始終還是保有想立於他人之上的心情（下馬威型人類，166頁），因此會購買能向他人炫耀的物品。其他人難以下手的昂貴物品、骨董、備受好評的限量品等，也都是他們非常適合拿來炫耀的品項。

現代的百貨公司等商業設施中，擺滿了許多名牌貨，互相競爭的孔雀型人類正是著了這些商人的道。努力想獲得更昂貴物品的孔雀型人類，一個個都成了商人們眼中的大肥羊。

孔雀型人類雖然能夠透過名牌商品彰顯財力，卻無法像黑猩猩一樣直接奪得支配他人的地位。大費周章炫耀之後卻拿不到什麼效果，實在令人感到空虛。

如果你是孔雀型人類的話

如果你是孔雀型人類，應儘早重新審視自己的目標，從成本與利益的角度分析是否划算。

首先，你想藉此達成的目標是什麼？如果擁有一定的財力，想出人頭地的話，開一間公司或是投資在前途光明的人身上如何呢？

想透過炫耀找到配偶的話，相較於藉名牌貨將競爭對手踩在腳底下，不如平常節省一點，用省下來的錢買更優質的禮物或許效果更好。

既然穿戴名牌能讓自己感到愉悅滿足，那麼肯定有耗費相同資金，卻能更加滿足的事情。相較於向他人炫耀後暗自開心，將同樣的金錢用在對社會有益的活動上並獲得衷心感謝，才是生而為人最有意義的行為。

如果以上皆非，單純是想藉花大錢宣洩壓力的話，或許比較偏向杞人憂天型人類（152頁）而非孔雀型人類，所以請試著控制自己的壓力吧。

請各位務必保有理性，找到其他不必仰賴名牌的生存之道。

和孔雀型人類和睦相處的方法

對付孔雀型人類的方式，就是即使注意到他們穿戴的名牌，也要裝作沒看見。一般來說，大家都會顧慮孔雀型人類那種「希望他人發現」的心情，而不禁出言稱讚：「名牌耶，好厲害！」但是請將這些稱讚吞回肚子裡吧。

孔雀型人類接收到他人稱讚時就會氣勢高昂，很快就陷入想用更多錢購買尊嚴的惡性循環，所以必須為他們斬斷這個循環才行。除此之外，陪伴他們一起思考更有意義的用錢法，也是不錯的方法。

可是，也有部分孔雀型人類容易瞧不起長期往來的人們，因此恐怕不會接受「陪他們一起思考」這種平起平坐的對等關係。假若你遇上這種情況，就不必再和他們扯上關係，保持適當的距離即可。

想要維持表面友好關係，同時又與孔雀型人類保持距離時，不妨運用「溫和的諷刺」法。例如指出他們身上的名牌貨，主動建議：「我知道有間慈善機構在募款，你如果願意把這件名牌捐給他們，他們會很高興。」但是孔雀型人類肯定不想捐贈，所以理應會主動與你拉開距離。

從現代社會的角度思考

近年隨著社群平台普及化，人與人之間面對面交流的機會銳減，讓孔雀型人類找不到舞台大展身手。畢竟不直接與他人接觸，就很難讓別人見識自己的名牌貨了。

然而類似的行徑卻逐漸在網路上蔓延開來。例如線上遊戲就會為遊戲角色或頭像，設計許多強化裝備的品項，並以高價販售。熱衷於購買這些裝備向其他玩家炫耀的人，實際上也屬於孔雀型人類。

即使是這種新型的炫耀方式，仍會因為無法面對面而產生問題。那就是即使其他玩家絲毫不在意他們配戴的昂貴裝備，孔雀型人類仍無從得知，結果就放任優越感自顧自地高漲。

網路的虛擬空間難以感受到現實特有的空虛感，讓孔雀型人類得以藉虛擬分身生存其中。但是實際穿戴名牌貨與讓虛擬分身配戴昂貴裝備，兩者所帶來的充實感截然不同，能夠將虛擬分身完全當成自己的延伸，並由此感到真正滿足的孔雀型人類或許相當少。

zannen

25

妄想型

生態

很容易相信與自己想法相符的外部資訊，躲在自己的幻想世界中，結果連現實生活中的行為都逐漸趨向想像中的世界觀。容易沉浸於特定的世界觀或思想裡，缺乏對其他領域的認知，也無法冷靜分析其他領域。

棲息地

書店、pixiv、網路論壇、策展網站

天敵

里長伯型

常見行為

只要看完書或漫畫，渾身就會散發出與平常截然不同的氛圍，看來似乎深受該作品的世界觀影響，言行與表情都變得相當戲劇化。由於妄想型人類的風格相當不穩定，連帶也會影響周遭人。儘管本人對此感到心滿意足，但是表現出的人格與行為都與平常相差甚遠，反而妨礙他們與周遭的交流。妄想型人類不只容易深陷以第一人稱寫作的小說、二次創作、文藝作品，也容易為醫療、健康或政治等領域的特定思想深深吸引。

「〇〇國或許已經沒救了。」

「〇〇食品對身體不好，絕對不可以吃。」

「你們都被政府騙了！」

「這一切都是媒體在洗腦。」

有些妄想型人類甚至會表現出看穿一切真相的言行，即使否定他們的認知，他們也往往聽不進去：「你被騙了！」當他們辯不贏別人的時候，就會祭出「因為〇〇這樣講」、「〇〇上是這樣寫的」等其他人的理論，放棄以邏輯重新審視自己的論點。嚴重時，甚至會強迫周遭人都必須接受自己的思想並配合其生活習慣。妄想型人類習慣將所有人分成「認同自己思想與信念」的一方，以及「不認同」的一方。一旦被妄想型人類歸納為後者，就很容易被視為潛在的敵人，並遭受他們不公平的對待。

妄想型人類活在背離現實的架空幻想世界裡，所以往往會將現實世界中待人接物的原則擺在最後面。他們在幻想世界中恣意放縱喜怒哀樂等豐富的情緒，因此那裡總是洋溢著文藝青年特有、帶有憤世嫉俗色彩的幸福感。

解讀生態

支撐著妄想型人類的想像力，是人類用來構築文明的基本功能之一。我們能夠藉由想像力推測「隔壁住著什麼樣的人？」「昨天這間房間發生了什麼事情？」「明天會在這個空間做些什麼事情？」等等。擁有精準推測的能力，在現實生活中就會更加游刃有餘。正因為人類擁有想像力，才得以顧慮到現實中平常無法輕易目睹的一面。

但是，妄想型人類的想像力過度旺盛，已經到了完全脫離現實的程度。脫離現實的想像，當然無法做出精準的推測。愈是無法順利應付現實生活，妄想型人類就愈需要在幻想世界中盡情發揮想像力，在此打造出有意義的人生。

尤其是將想像當作現實的妄想型人類，面對的問題更是深刻。雖然在職場上可以透過「大家的進展都很順利，儘管現在銷售業績沒有進展，但是我們的產品很快就要大賣了！」等藉由畫大餅的幻想，凝聚團隊向心力，使成員更加團結，可是卻往往令人愈來愈看不清楚現實，反而造成更大的損害。

如果你是妄想型人類的話

如果你很喜歡文學（電影或漫畫也是一樣），並且享受沉浸在幻想世界中的樂趣，但依然能心知肚明「這與現實不同」的話，就屬於健康的妄想，還請安心。這樣的你肯定明白現實歸現實、創作歸創作，懂得做出適當的應對。想像自己與喜歡的藝人結婚、享受幻想世界特有的樂趣，這也是人之常情對吧？

但是，如果你開始認為幻想世界「反映了現實」，即使程度輕微，也很可能在日後釀成大問題。例如聽到喜歡的藝人結婚時，要是浮現「咦？他的結婚對象不是我嗎？」的念頭時，就相當嚴重了。

「想像成真」代表擁有精準投射於現實的想像力，原本就廣受鼓勵，正因如此，人類也容易誤以為想像的事物「等於現實」。但如果達到認定「想像肯定是現實」或是「應該是現實」的程度，就已經屬於妄想型人類了。

「想像」通常有許多錯誤的地方，必須經常來回比對「現實」與「想像」。若要更具體說明，「想像」其實是「現實的輔助」。請試著回想以前吃過的咖哩飯，肯定沒有現實的咖哩飯那麼逼真對吧？所以想像的「基礎」依然是現實。如果光憑想像中的咖哩飯就感到滿足，肯定會造成身體營養不良吧？人類本來就是只會在適當的範圍內想像而已。

所以請試著比對現實，確認自己的「想像」精準程度屬於下列哪一個吧。

① 確定符合現實的想像

② 還不確定是否符合現實的想像

③ 確定不符合現實的想像

請確實區分以上三者，並且努力增加①。③則可考慮忘掉，或是僅當成個人的樂趣享受。

和妄想型人類和睦相處的方法

妄想型人類的言行乍看之下只是藉口，必須與理由伯型（14頁）加以區分才行。妄想型人類會讓想像優先於現實，他們認為幻想的世界才是真實的，所以並不會體認到自己的想像終歸只是想像，才會說出背離現實的謊言。

想要讓妄想型人類體認到「那只是想像」時，讓他們知道現實狀況是很重要的一步。但是妄想型人類聽到現實狀況時的反應卻五花八門，其中也有人會堅決不肯相信，認為：「這都是假消息！」

一般來說，即使媒體提供了依據現實的報導，妄想型人類也會提出諸多質疑，義正嚴詞地駁斥：「媒體不過是為了配合政府的陰謀，想誤導我們把謊言當真。」這種心態又稱為「陰謀論」，是能夠將所有資訊當作假消息一律無視的萬能方法。愈是認真提倡陰謀論的妄想型人類，其他人就愈無能為力。這一點可以說是與命運型人類（28頁）非常相似。

旁人所能夠做的，就只有為一部分願意接受事實的妄想型人類，提供有助於修正想像的線索而已。首先請試著告知對方「那只是想像，與現實不同」，並試著判斷對方是否願意修正。對方若是表現出謙遜的態度，就還有擺脫妄想型性格的機會。

讓妄想型人類擔任管理職可以說是最糟糕的狀況，他們會無視不順利的現實，一味地追求理想。所以有些企業會規定「連續三年赤字就退出管理階層」，避免公司敗在妄想型人類的手中。

從現代社會的角度思考

現代社會隨著資訊媒體的發展，市面上流竄著大量且多元的言論，可以說是進入了更難擺脫妄想型性格的時代。我們很難判斷哪些言論是真，又有哪些言論是假。

在這樣的環境背景下，人們更容易將想像中的一切視為現實，再根據想像上網檢索，就能夠找到符合想像的資訊。如此一來，即使幻想世界並不符合現實，仍能藉由有限的資訊，深信「自己的想像就是現實」（此稱為確認偏誤〔confirmation bias〕）。

再搭配現在流行的社群網站，問題就變得更加嚴重。社群平台會吸引許多同溫層的人們相聚，形成更難掙脫想像、發現背離現實的環境。於是就在愉快地與同伴反覆交流之間，這份缺乏根據的「想像」就會在不知不覺間深入骨髓。

即使沒有刻意檢索，現今網路仍會藉由無處不在的人工智慧，分析使用者的嗜好，自動尋找符合想像的資訊（有時候包括假消息）並集中顯示。種種科技使得人們比對現實、修正想像的能力，將隨著媒體的發展而逐漸減弱。如果不快點確立幫助人們判別現實的機制，這個社會恐怕會持續受到分化，進而導致文明崩壞。

後記

各位認為這本《讓人翻白眼的同事圖鑑》如何呢？

現代人類的諸多「讓人翻白眼」的事蹟，其實是我們從史前時代繼承下來的基因，能夠透過人類生物學或生理學找到根源。儘管人類仍保有這些舊有生活所需的本能，身處的環境與文化卻自顧自地迅速發展，導致許多問題接連浮上檯面。

本書談到許多與社群網站等有關的行為，相信科技沒有如此發達的話，人類表現欲求的方式理應相當有限吧？我們身處的環境日益複雜，遺憾的是，眼下卻沒有任何能夠阻止科技與文明進步的方法。人類天性就會追求更豐富便利的生活，所以我們必須掌握適合自己的方法，學著與人類本能和睦相處。這邊由衷期望本書能夠為各位帶來找到合適方法的線索。

相信讀完本書的讀者都能夠明白，有些從個人的角度來看是「令人翻白眼」的缺點，從抑制組織其他成員或是活絡組織的角度來看，卻很可能是值得活用的優點。或者是從個人的角度來看「令人翻白眼」的一面，對於組織或整體社會來說卻有著不容忽視的影響力。在這個呼籲組織與社會重視多樣性的時代，與其致力於消除人們的缺點，不如以更遼闊的眼界觀看，試著將每個人的獨特性運用在組織或團隊上，強化對成員的控管，並藉此加深對彼此的理解。

本書撰寫過程中，多虧了Appleseed Agencytj出版社的遠山怜氏協助。遠山怜氏以出版經紀人的身分竭盡全力，助我將各類型人類的生態與行為描寫得栩栩如生。此外也感謝技術評論社的傳智之氏提供諸多建議，讓我得以完成這本實用的商務書籍。

這邊感謝插畫家白井匠氏，透過輕鬆又一針見血的插畫，表現出各型人類的生態。設計公司TOKYO 100MILLIBAR STUDIO則為本書找出介於圖鑑與商務之間的絕妙平衡，在此鄭重致上謝意。

石川幹人

1959年出生於東京，東京工業大學理學院應用物理系（生物物理學）畢業，並於同校研究所攻讀物理資訊工學。輾轉經歷企業研究所、政府智庫單位後，於1997年赴任明治大學，從事將人工智慧技術應用在基因資訊處理的研究，並藉此取得工學博士學位。

專攻認知科學，長年致力於生物學、腦科學與心理學的交叉學科研究。代表譯作有《達爾文的危險思想》（*Darwin's Dangerous Idea*，丹尼爾·丹尼特原著）。

設計　東京100ミリバールスタジオ
插畫　白井 匠
編輯協力　遠山 怜（アップルシード・エージェンシー）
編輯　傳 智之

讓人翻白眼的同事圖鑑

出　　版／楓葉社文化事業有限公司
地　　址／新北市板橋區信義路163巷3號10樓
郵政劃撥／19907596　楓書坊文化出版社
網　　址／www.maplebook.com.tw
電　　話／02-2957-6096
傳　　真／02-2957-6435
作　　者／石川幹人
翻　　譯／黃筱涵
責任編輯／江婉瑄
內文排版／謝政龍
校　　對／邱鈺萱
港澳經銷／泛華發行代理有限公司
定　　價／350元
初版日期／2022年1月

國家圖書館出版品預行編目資料

讓人翻白眼的同事圖鑑 / 石川幹人作；黃筱涵翻譯. -- 初版. -- 新北市：楓葉社文化事業有限公司, 2022.01　面；　公分

ISBN 978-986-370-368-6（平裝）

1. 職場成功法 2. 人際關係

494.35　　110018650